精准扶贫林果科技明白纸系列丛书

苹果

林果科技明白纸系列丛书编委会 编

读者出版传媒股份有限公司
甘肃科学技术出版社

图书在版编目（CIP）数据

苹果 / 林果科技明白纸系列丛书编委会编. -- 兰州 ：甘肃科学技术出版社, 2018. 4
ISBN 978-7-5424-2571-3

Ⅰ. ①苹… Ⅱ. ①林… Ⅲ. ①苹果一果树园艺 Ⅳ. ①S661.1

中国版本图书馆CIP数据核字(2018)第045417号

苹果
林果科技明白纸系列丛书编委会 编

出 版 人 马建东
责任编辑 韩 波(0931-8774536)
封面设计 魏士杰

出 版 甘肃科学技术出版社
社 址 兰州市读者大道568号 730030
网 址 www.gskejipress.com
电 话 0931-8774536 （编辑部） 0931-8773237 （发行部）
京东官方旗舰店 https://mall. jd. com/index-655807.html

发 行 甘肃科学技术出版社 印 刷 甘肃兴业印务有限公司
开 本 889mm×1194mm 1/16 印 张 6.5 字 数 96千
版 次 2018年10月第1版 2018年10月第1次印刷
印 数 2 0001~3 1000
书 号 ISBN 978-7-5424-2571-3
定 价 19.80元

《精准扶贫林果科技明白纸系列丛书》

编　委　会

本册编者：王延秀

前　言

为贯彻习近平总书记“着力加强生态环境保护，提高生态文明水平”和“绿水青山，就是金山银山”重要指示要求，结合退耕还林、防护林建设、天然林保护、特色林果产业、自然保护区等重点工程，将做好特色林果产业，确定为生态扶贫、精准扶贫的重点工作。做好特色林果产业发展，不仅可以带动贫困群众增收，更是保护生态的有效抓手。大力整合资源、集中力量、持续推进，极大地调动了农村贫困人口的脱贫积极性，有效提升了贫困群众的脱贫能力，提高了群众的生活质量，改善了人居生态环境。

为进一步满足特色林果产业扶贫的需要，加大特色林果产业扶贫的力度，宣传特色林果品牌，推广先进实用生产技术，我们组织二十多位林果生产一线专家和技术人员，按照指导实践、通俗易懂的原则，从林果产业发展实际出发，紧紧围绕优势林果产业和特色产品，以关键技术和先进实用技术为重点，以通俗易懂的语言，图文并茂的编排和明白纸的形式，编写了一套《精准扶贫林果科技明白纸系列丛书》5册，并邀请科研院所和基层生产一线的林果专家进行了审定。

真诚希望《精准扶贫林果科技明白纸系列丛书》能够为精准扶贫、生态脱贫和特色林果产业的发展提供智力支持，能够为帮助广大果农提升生产水平和脱贫能力，早日实现脱贫致富发挥作用。希望广大林业科技工作者，继续积极推广和普及林果科技先进实用技术，真正让特色林果产业成为精准扶贫工作的抓手和生态保护的利器。

编　者

2018年1月

目　录

元帅系优良品种

1.阿斯

果实高桩，五棱突出，平均单果重280克，成熟后果面鲜红色，光泽亮丽无果锈。果肉黄白色，质脆，汁液多，风味甜，香气浓，品质上等。可溶性固形物含量13%，无畸形果。属半矮化型。生长势较强，结果后树势缓和，短枝明显。果实生育期150天。

2.俄矮2号

果实着色较早，在天水可于8月20~25日达满色期，并能提早上市。果实圆锥形，果形指数0.91~0.95，平均单果重180~200克，最大单果重400克，果面全面鲜红或浓红色，色相条红，富有光泽。果肉黄白色，肉细，汁多，含可溶性固形物12%~14%，品质上等。树体半矮化，易栽培管理，结果早而丰产。果实发育期145~150天。

3.栽培2号

栽培2号树体健壮，树姿较开张，枝条基角大，短枝多，枝条粗壮等。果实全色浓红，果面光洁，蜡质厚而有明亮光泽，果肉乳黄白色，致密多汁，味香甜，品质上乘。早果性。

阿斯

俄矮2号

4. 瓦里短枝

果个较大，平均单果重180~215克。果实圆锥形，高桩、五棱突起，整齐度高，特级果多，果面全面浓红色，有光泽和少量果粉，味甜多汁，可溶性固形物含量15.8%~17.0%，果肉硬度11.8千克/平方厘米，品质上等，耐贮。果实着色早，果实生长期115天左右。

栽培2号

瓦里短枝

富士系优良品种

1. 长富2号

树势强健，成枝力较强，萌芽率中等，并有腋花芽结果习性。果个较大，平均单果重223克。果实圆或长圆形，整齐，成熟后果实全面浓红，果肉黄白色，质密细脆，果汁较多，酸甜适度，芳香味浓，品质极佳，耐贮运。可溶性固形物含量15%左右。结果较早，具有丰产性强的特点。

2. 宫崎短枝

早果丰产，果个大，平均单果重245.6克，最大果重420克，果形指数0.83，果形扁圆形，果实底色绿黄色，成熟时全面着鲜红色，色相片红。果肉黄白色，肉质细脆、致密，汁液多，风味酸甜可口，可溶性固形物含量13.8%，品质上。生育期186天。该品种树势中庸，抗白粉病和斑点落叶病，抗黄化病，较耐旱、寒。

宫崎短枝

3. 烟富6号

该品种树冠紧凑，适于密植，果实果面光洁、色泽艳丽、果面着浓红色，肉质细、致密、脆、多汁，酸甜可口，丰产、耐贮幼树成枝力弱，短枝率为70.6%，易成花，进入结果期早。果实长圆形，果形指数0.89，果形端正，平均单果重208克，最大单果重311克，果面光洁易着色，果皮底色呈黄绿色，果面着浓红色，果皮中厚，果肉淡黄色、多汁，肉质细脆、酸甜适口，可溶性固形物含量15.6%，品质上。

4. 早生富士

果皮薄，有透明感，果肉细嫩，淀粉

含量少，糖度高，采收时平均单果重214.5克，果形指数0.81，去皮硬度8.3千克/平方厘米，可溶性固形物13.45%，贮藏性比红富士差，但优于其他中熟品种，适合密植栽培。

5. 瑞阳

为晚熟、红色品种，结果早、易丰产、品质优、适应性强等优良特征。果实个大，平均单果重283克，圆锥形，果面着鲜红色，色泽艳丽，果面光洁；果肉较细，酸甜适口，香气浓；果实10月中旬成熟，可溶性固形物含量16.0%，硬度7.2千克/平方厘米，耐贮藏。早果性、丰产性、抗病性接近秦冠，明显优于富士；果实品质明显优于秦冠。

6. 烟富8号（神富1号）

该品种为晚熟品种，果实长圆形，高桩，果形指数0.91，平均单果重315.0克。果点稀少，果面光滑，全面着色，浓红艳丽。着色快，果肉淡黄色，肉质致密，细脆多汁，甜酸适口，可溶性固形物含量15.4%，硬度9.2千克/平方厘米。果实发育185天。适宜密植。

7. 烟富3号

果实圆形或长圆形，果形端正，果形指数0.86~0.89，果个大型，平均单果重245~314克。易着色，树冠上下、内外着色均好，偏红属一系，全红果比例78%~80%，着色指数95.6%，色泽浓洪艳丽，光泽美观。果肉淡，肉质爽脆，汁液多、风味香甜，硬度8.7~9.7千克/平方厘米，可溶性固形物含量14.8%~15.4%。果实生育期190天，贮藏性跟长富2号相同。

瑞阳

烟富3号

苹果苗圃地的选择与建立

1.苗圃地的选择

苗圃应设在需用苗木的中心，选择背风向阳、日照良好、稍有坡度的倾斜地；地下水位低（1.5米以下），土壤肥沃、深厚，有机质含量在1%以上的有灌溉条件的中性砂质壤土和轻黏壤土为宜。育苗地要具有良好的排灌条件。同时周围无危险性病虫害。尤其无立枯病、根腐病、根头癌肿病和地下害虫(如金龟甲的幼虫蛴螬、金针虫、线虫、根瘤蚜)。育苗地不宜连年重茬，轮作最少在3年以上，前茬为农作物的地块为宜。

2.苗圃地规划

专业性大型育苗圃，主要包括母本园、繁殖区和轮作区三部分。

（1）母本园：分做砧木母本园和品种母本园，主要作用是提供繁殖材料。砧木母本园主要提供砧木种子、扦插用的插穗和压条用的枝条。品种母本园提供适用于当地大面积发展的优良品种和新引进的优良品种接穗。

（2）繁殖区：是苗圃的核心区域；根据繁殖方法及繁殖目的，分为：

实生苗繁殖区：播种苹果砧木种子，

苹果苗圃

培育苹果乔化砧木。

自根苗繁殖区：采用扦插、压条、分株等方法，培育苹果矮化砧木。

嫁接苗繁殖区：采用嫁接技术，培育苹果品种苗木。包括乔化砧苗、矮化自根砧苗和矮化中间砧苗。

组培苗培育区：主要用作培育品种组培苗和矮砧组培苗。

（3）轮作区：苹果苗圃地必须设立轮作区。轮作区内可以种植各种经济作物、牧草，或者浆果类、核果类果树苗木轮作间隔年限为2~3年。

3. 苗圃准备

选好苗圃地后，应进行深耕施肥，每亩施腐熟的农家肥2000~2500千克，并配施适量磷肥与速效氮肥。为防治蛴螬、蝼蛄和立枯病、根腐病等，每亩施用25%辛硫磷胶囊0.5千克加70%甲基托布津可湿性粉剂0.75千克制成毒土撒施地面，然后深翻25厘米以上。经冬季土壤冻结风化，翌年春季解冻后平整土地，并浇足底墒水，准备播种。

苹果乔化砧木繁殖技术

1. 种子采集和保存

从类型一致、生长健壮、无病虫害的优良母株上采集充分成熟的果实，采果后经7~8天的堆放（堆积厚度不宜超过40厘米），果肉软腐后即用清水淘洗取种。取出的种子，放在通风处晾干，切忌暴晒。最后置于温度为0℃~5℃、相对湿度为50%~70%的条件下保存备用。

2. 种子层积处理

将种子用1%高锰酸钾浸泡消毒10分钟后用清水洗净晾干，然后进行沙藏处理。选择背阴、干燥、不易积水的地块，挖深50厘米、宽45厘米的地沟，先在沟底铺一层净沙，然后按照1份种子4份沙的比例混合均匀，平铺在沟中，最上层再铺一层湿沙。层积过程中温度为2℃~7℃；河沙的湿度以手握成团，碰触即散为宜。

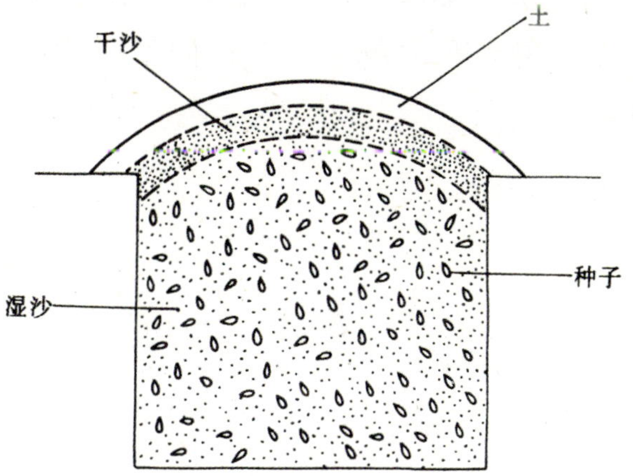

苹果砧木种子层积处理示意图

3. 种子播种

即将经过层积处理的种子播入育苗基地。应根据具体条件确定播种时期及育苗方法。

（1）播种时期。苹果砧木的播种分为秋播和春播。

（2）浸种催芽。在播种前5~7天，将沙藏层积的种子倒入盛有水温45℃左右的容器中，搅拌后浸泡2~4小时，然后把种子晾干混沙，放在20℃左右的室内或者温室中，5~7天就可萌动出芽，当60%左右种子“露白”时，即可播种。

（3）播种育苗。在地面或畦床内按计划行距开沟播种。

表1　苹果主要砧木的播种量

砧木种类	层积时间（天）	每千克种子粒数	每亩播种量（千克）	每亩成苗数（株）
海棠果	60~70	64 000	1.0~1.5	12 000
八棱海棠	40~50	50 000	1.0~2.0	12 000
西府海棠	60~70	60 000	1.0~1.5	12 000
新疆苹果	60	18 000~24 000	1.2~1.5	12 000

4. 砧木苗的田间管理

（1）断根、移栽。幼苗长出4~5片真叶时用铁锹将垂直主根从离地面15厘米侧面切断。断根应在每天16：00以后进行，断根后立即浇水，防止缓苗。

（2）间苗、中耕除草。当幼苗长到1~2片真叶时开始间苗，7~8片真叶时定苗，剔除生长势弱、矮小、有花叶病的不良幼苗，每隔10~15厘米留1株壮苗。每亩留9 000~12 000株。对缺苗处，在2~3片真叶，可进行带土移栽补苗，栽后及时浇水。

（3）追肥和灌水。追肥要掌握少量多次，苗小少施，苗大多施，生育前期施氮肥，后期施磷、钾肥的原则。当苗长至5~6片真叶时，要以0.1%的尿素叶面施肥2~3次，根部少量施入磷酸二铵和喷布少量240倍的波尔多液加0.3%尿素保护叶片。

（4）摘心。在苗高15~20厘米时进行重摘心，再结合追肥进行培土，并加强水分管理。

（5）病虫防治，用0.2%~0.3%硫酸亚铁，或者600~800倍多菌灵液体灌根防治立枯病；后期喷施多菌灵预防早期落叶病。防治蚜虫主要喷施。

（6）其他管理。促使砧木茎秆粗壮和根系发达。嫁接前3天将茎部6~8厘米以下的分枝和叶子抹去，使伤口早日愈合，便于嫁接。

营养系矮化砧木苗的繁殖

1. 水平压条

苹果矮化砧采用水平压条时，可于定植当年将母株按行距1.5米，株距30~50厘米定植。植株与沟底呈45° 角倾斜栽植。并将枝条压入5厘米左右的浅沟内，用枝杈固定。新梢长至15~20厘米时，摘除新梢基部10厘米处的叶片，用湿润细土培至新梢基部10厘米处。30天后，新梢基部可以长出不定根，再培第二次土，两次培土厚度30厘米左右。秋后即可与母株分离。枝条基部未压入土内的芽处于顶端优势地位，应及时抹去强旺蘖枝。秋季落叶后即可进行分株。靠近母株基部应保留1~2株，供来年再次水平压条用。

水平压条

2. 直立压条

又称培土压条，多用于枝条粗壮直立、硬而较脆的矮化砧类型。冬季或者早春将母株从地面处短截，促使萌发较多新梢。新梢长至15~20厘米时，摘除新梢基部10厘米处的叶片，用湿润细土培至新梢基部10厘米处。30天后，新梢基部可以长出不定根，再培第二次土，两次培土厚度30厘米左右。秋后即可与母株分离。

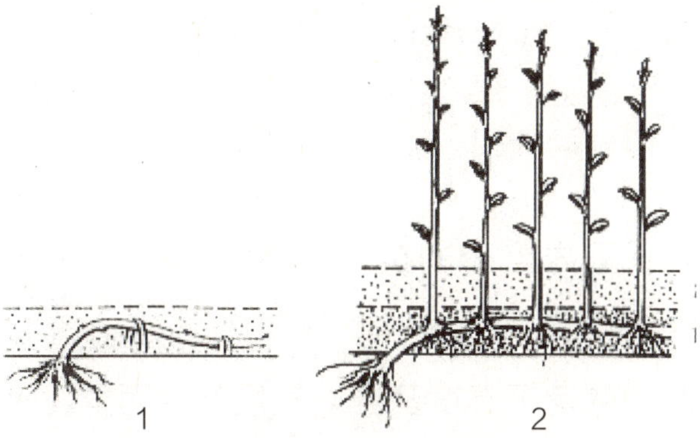

苹果矮砧水平压条示意图
1第一次培土2. 第二次培土

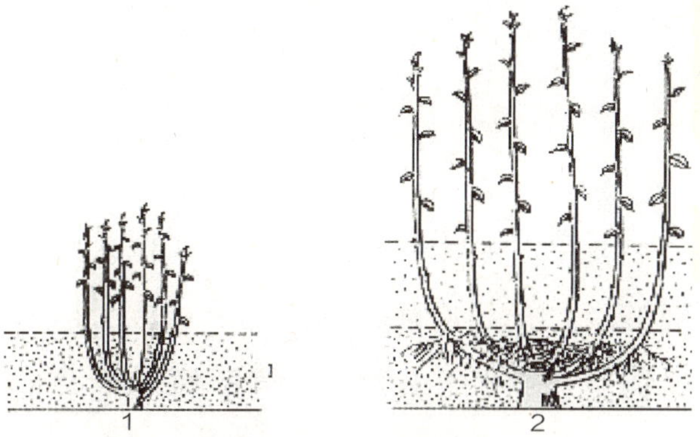

苹果矮砧直立压条示意图
1第一次培土2. 第二次培土

嫁接苗的管理

1. 检查成活与补接

芽接苗接后10~15天检查成活。凡是接芽饱满、皮色新鲜、叶柄微黄、一触即落的表明已经成活。如芽片变色、干缩、叶柄焦枯而不易脱落者，则表明未成活。未成活的砧苗应及时进行补接，秋季芽接苗继续采用“T”字形芽接法补接。秋季不能补接的，翌年春季剪砧时，采用切接或其他枝接法进行补接。对于生长过弱、过密的未接活植株，直接剪除。

枝接苗，嫁接后2~3周检查成活。判断枝接是否成活，以接穗萌芽并抽生3~5厘米新梢时最为可靠。对未接活的植株，剪除已经枯死接穗，再以切接或者其他枝接方法进行补接。也可以剪除接口部位以上的砧木，促发萌蘖，待以后用芽接方法进行补接。

2. 培土防寒

冬季严寒干旱地区，为防止接芽受冻或抽条，在封冻前应培土防寒。培土以超过接芽6~10厘米为宜。春季解冻后及时扒开，以免影响接芽的萌发。

3. 剪砧与解绑

凡是芽接苗，嫁接成活以后，均需要进行剪砧。秋季芽接成活后于第二年春季接芽萌发前在接芽以上0.3~0.5厘米处剪砧。剪口要求光滑并向芽背面微向下斜。芽接苗结合剪砧进行解绑。枝接苗一般都在新梢长到15厘米左右时解绑。

4. 除萌蘖与扶缚

芽接苗剪砧后，须及时除去砧木基部发出的萌蘖。除萌要早，以抹芽为主；反复进行。枝接苗，除必须抹去砧木上的全部萌蘖以外，如果枝接接穗多，对接穗抽发的新梢，成活后应选留方位合适、生长健壮的一根枝条，其余去除。在风大和易折枝地方应注意防风或立支柱。

5. 摘心与圃内整形

圃内整形的苗木砧木株行距不小于（60~70）厘米×（25~30）厘米。摘心时期依定干高度及当地气候条件而异，应避免摘心过晚，否则不能形成充实的副梢。未达摘心标准者不可勉强摘心。摘心部位宜在节间已充分伸长而尚未木质化处，摘去嫩梢5厘米左右。

6. 土肥水管理

秋季芽接苗或者春季嫁接苗，可于早春接芽萌发前，以及4月、5月、6月各追肥一次，以后再根据苗圃肥力及苗木生长状况，于苗木生长后期追肥1~2次，如果土肥苗壮可以不进行追肥。追肥以氮肥为主，结合磷钾肥，后期偏重磷钾肥。

7. 病虫害防治

苗木的病虫害种类较多，重点防治卷叶虫、金龟子、蚜虫类和早期落叶病，保证叶片完整，苗木健壮。

现代苹果园建立

1.合理栽植密度的确定

一般川地密度小、山地密度大。乔砧普通型品种可采用：3米×5米、3米×4米；矮化树、短枝型品种可采用：1.5米×4米、2米×4米、2.5米×4.5米。

建议栽植株行距为1.5~2米×4米，亩栽84~111株。行距不要小于3.5米，株距不要小于1.3米，每亩不超过150株。

2.栽植方式

（1）长方形栽植。采用宽行（距）密株（距）栽植，南、北行向。行距比株距大1~2米。

（2）等高栽植。广泛应用于山地果园。等高线垂直于坡向，果树沿等高线延伸栽植，等高线之间的距离为行距。同一坡面上的行距基本上不等，株距也不完全相同。

（3）栽植行向。在甘肃省一般主张南北成行、长方形栽植，光照良好。行距大于株距，行间通风透光良好，便于机械管理和采收。

3.授粉树的配置

（1）授粉树的配置比例和距离

①比例。主栽品种与授粉树的配置比例一般为（4~5）：1，授粉树缺乏时，最少要保证（8~10）：1。

现代苹果园

等高栽植

②距离。授粉树距离主栽品种以10~20米为宜，花粉量少的要更近一些。

(2) 授粉树的配置方式

授粉树在果园中配制的方式有中心式、行列式、行内零星式等。

(3) 授粉品种选择

以红富士为主栽品种的果园，其授粉品种应选用花量大、花期较长，且与红富士的花期接近或一致。果树及其适宜授粉品种见下表。

授粉树配置比例和距离

表 苹果主要品种的适宜授粉组合

主栽品种	适宜的授粉品种
元帅系	富士系、津轻、嘎拉、千秋、金冠系
富士	金冠系、元帅系、王林、津轻、世界一、千秋、嘎拉、新世界
红将军	津轻、嘎啦系、元帅系、富士系
嘎 拉	绿光、元帅系、烟青、金晕、富士系、王林、千秋、津轻
澳洲青苹	富士、王林、元帅系
粉红女士	嘎拉、元帅系、红富士系
玉华早富	嘎啦系、元帅系、千秋、新世界
蜜脆	嘎啦系、津轻系、元帅系、新世界、富士系
乔纳金、新乔纳金	王林、富士系、元帅系、嘎拉、金冠、绿光、津轻、千秋

4. 国外苹果授粉树

配置授粉品种存在树体生长不一致、病虫害交叉感染等问题。在国外发达国家如欧洲果园主要采用在主栽品种上专门嫁接或者成行栽植海棠作为授粉树。国外主要专用授粉品种有M · Hopa、M · Dolgo、M · Snowdrift和M · Mandchurica，适合甘肃省富士授粉的专用授粉树有红艳、红亮、红纱，元帅系的专用授粉海棠有红双、雪莱、红粉等。

红艳

红亮

雪莱

红纱

苹果苗木栽植技术

1.整地改土，土壤消毒

（1）整地改土

定植方式确定后，须在定植前1~2个月挖好定植沟或者定植穴。密植果园挖成定植沟，沟深1米，宽0.8米；定植穴应该1米见方。及时分层回填；沟（穴）下部分2~3层填入粉碎的作物秸秆、杂草、树叶等有机物，每穴施农家肥50千克、磷肥2千克、磷酸二铵0.5千克，与表土充分拌匀后填入穴底。

在山地规划建园地应先修筑梯田。一般坡度在15°以下的山坡地适宜修建成较宽田面的水平梯田，梯壁不太高。一般比较完善的梯田应该是：台面宽3~5米；梯壁高不超过3米，牢固、内向倾斜60°~70°；梯田外高内低，内倾5°~7°，横向平整并保持0.3%~0.5%的比降，梯田田面外沿边梗高度10厘米、宽度20厘米，梯田内侧背向贮水沟的宽度为30厘米、深度为20厘米，比降为0.3%~0.5%，并设沉淀泥沙装置。修筑梯田要尽量做到“死土搬家、活土还原”，整好后的田面应及时翻耕和人工培肥。

（2）土壤消毒

有机果园主要采用热力技术（如土壤

整地改土

山地规划建园

暴晒、施肥发酵等）和深翻换土（定植前深翻后将定植穴内0.5米^{3}的土壤挖出移走并换好土填入定植穴）进行土壤消毒。

2. 苗木准备

选用优质、纯正苗木建园是果园早期丰产的重要环节。栽植材料必须符合国家标准（GB9847-88），提倡栽大苗。

选用苗木

苹果苗木定植和定植的管理

1. 苗木定植

（1）定植时期。苹果建园栽植分为春栽或秋栽两个时期。春栽在4月上中旬土壤完全解冻至苗木萌芽前进行，以防止发生越冬冻害和早春抽条的问题。无越冬冻害和早春抽条地区，春栽、秋栽均可，秋栽优于春栽。秋栽在土壤结冻前20~30天栽植（10月下旬至11月上旬）。

（2）苗木准备。选用根系完整、主根发达、侧根35条以上，长度达到25厘米以上，无机械损伤，无检疫性病虫害；苗高在1.20米以上，整形带内芽体饱满，基径1.0厘米以上，嫁接口愈合良好的一、二级优良苗木；尽量采用脱毒苗。将苗木进行根系修剪，然后用生根粉20~50毫克/千克浸泡过夜，栽植时根系蘸泥浆。

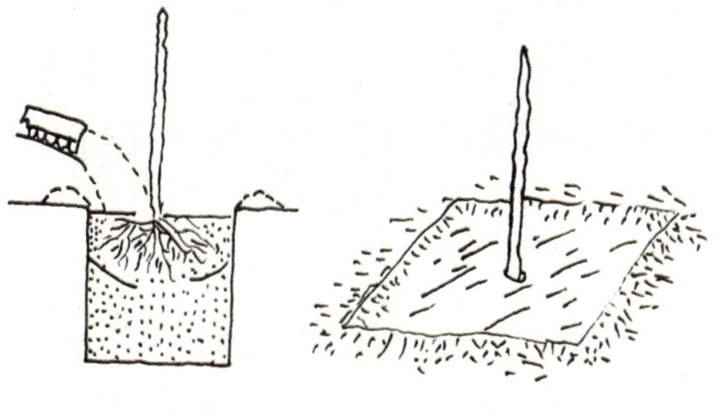

苹果苗木栽植示意图

（3）苗木栽植。栽植时根系要舒展，过长的直根需要适当剪短。表土先回填至距地面20厘米时，再放入苗木，要求根系自然舒展，苗正横竖成行，采用一提二踏三覆土的方法栽植苗木。根系周围应有熟土和少量腐熟的有机肥料，严禁有机肥料成堆并与根系接触。

2. 定植后的管理

（1）浇水、覆膜保墒。及时浇水，确保树盘的墒情良好。苗木栽后，在树盘或者树行内覆膜，可以提高苗木成活率、缩短缓苗期、加速幼树生长。覆盖前，先把树盘整成周围略高、中央稍低的锅底形状；再覆盖直径1米左右的薄膜。

（2）及时定干。不论是秋栽还是春栽，栽后都要及时剪截定干，定干高度80~100厘米，选饱满芽处定干，剪截后要对剪口用好油漆或高效防水树脂加以保护。

（3）幼树防寒。冬春季风大，新栽苹果树易发生抽条现象，秋栽苗要在土壤结冻前防寒。秋栽的苹果树要做好埋土防寒，防止抽条现象发生。冬季不太寒冷地区在树干套直径4~5厘米长90~100厘米的筒状塑料袋，防止苗木失水抽条和病虫危害，翌年清明后苗木萌芽后再将果苗袋上端撕破或剪角通气，在新发萌芽长2厘米时，于下午或阴天除去果苗袋。冬季寒冷地区需要埋土防寒，防寒时苗干朝南，在嫁接口上20厘米处弯曲压倒苗木，埋土30厘米左右。

（4） 苗木出土。在第二年土壤解冻清明后，将苗子从土中刨出，刨至苗圃原土印。将树盘整成锅底形，用宽度为1.4米的地膜覆盖树盘或树行。春季清明后埋土苗逐步取土放苗，苗木萌动前树盘覆盖100厘米见方地膜。

（5）缺苗补栽。春季发芽展叶后，认真检查苗木栽植的成活情况，对未成活的苗木及时补栽，栽后立即灌水。补植时应选同龄苗。以保全苗，使园貌整齐一致。

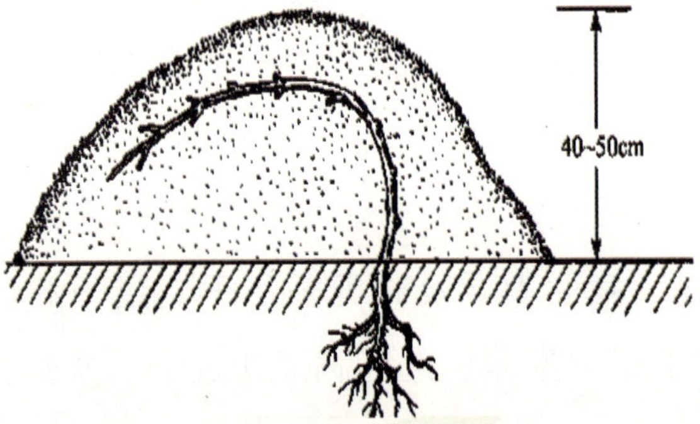

苹果幼树埋土防寒示意图

（6）定干、刻芽。定植后及时在植株根颈部以上80~100厘米处，要求剪口下必须有3~5个饱满芽，如在定干范围没有合适的饱满芽，应在合理的位置选留3~5个芽进行刻芽。定干后要及时用封剪油、油漆封剪口，防止失水。发枝后应及时绑缚，以免被风吹折。

（7）抹芽。在苗子发芽后，要及时抹除距剪口35厘米以下的萌芽，以集中营养供给，促使树体生长。

（8）追肥、灌水。定植当年，对幼树要在5月上旬追施1遍速效性肥料，每亩可以用尿素、硫酸二铵2.5~5千克，追肥后立即浇水。同时注意及时进行中耕除草。

（9）病虫防治。危害幼树的主要病虫害有白粉病、金龟子、蚜虫、螨类。

（10）合理种植间作物。新建果园。严禁在株间种植农作物，行间可适当种植花生、矮大豆等低秆作物，绝对不可种植高秆或争肥夺水强的农作物。

高接换优技术

1. 高接换种

（1）苹果树高接换种的时期。以发芽前至开花前（春季3~4月）为宜，或者在秋季8月、9月进行。

（2）接穗的采集与贮存。选取品种纯正、生长健壮、无检疫性病虫害的接穗。

（3）高接部位的选择。按照纺锤形的整形要求，在中央领导干上多嫁接侧生分枝，尽量压低侧生分枝的嫁接部位，突出中央领导干的优势位置。

（4）高接方式的选择。有一次性多头高接、大抹头高接和多次性高接三种方法，目前生产上多采用一次性高接，一次换完全树。

（5）高接部位粗度的选择。嫁接部位的粗度以直径2~3厘米表现出嫁接成活率高，接口愈合快和接枝长得好。

2. 高接换种的方法

高接方法较多，不同季节选用不同方法。春季以枝接为主，夏秋季以芽接为主。

枝接最常用插皮接和劈接。

主干疏层形　小冠疏层形　自由纺锤形　细长纺锤形、主干形

高接换优树原树冠骨架砧桩选留（锯除位置示意图）

3. 不同树形高接换优嫁接枝芽数量

2~4 年生幼树留 6~15 个头，成龄大树视树体大小每树留 20~40 个头不等。每头以劈接或者插皮接的方式嫁接 1~2 个接穗，每接穗上可以留 1~2 个芽，称为短枝嫁接。

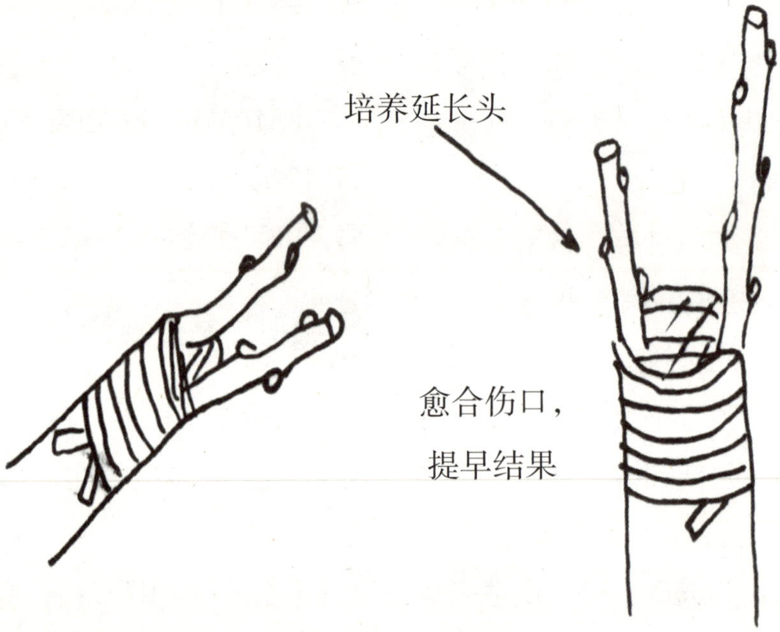

主枝高接换优枝接方向图

高接换种后的管理

1. 补接

高接后10天检查成活，皮部保持青绿者成活，春夏嫁接的芽子开始萌发；未成活的接穗皮部皱缩干枯。

2. 除萌蘖

在嫁接后7~10天开始除萌，以后每隔一周进行一次。

3. 解除包扎物

秋季芽接的枝条，第二年春季萌芽前，剪去接芽上面的枝条，解除包扎物。春季枝接成活后当新梢长至30~50厘米再解除包扎物。

4. 绑支柱

在风大的地区可在高接当年6月前后，当新梢长至30~40厘米时，将新梢与砧干之间连一支柱，或将两新梢绑在一起，互为支柱。待新梢木质化，将支柱去掉。

5. 高接枝的修剪

当高接枝长至30~35厘米时，进行摘心。

6. 防日灼

树冠高接换头后，枝干裸露，易受日灼伤害，应涂白保护。

7. 加强肥水管理

高接后，及时进行灌水。枝梢长至20厘米以上时，适量追肥。后期喷布3~5次磷钾肥，促进枝梢成熟、及时停长，以利于安全越冬。

8. 防治病虫害

高接树接芽萌发晚，新梢幼嫩，易遭受害螨、蚜虫、卷蚜虫的危害，要及时进行防治。

苹果丰产树形

1. 自由纺锤形

适于行距4~5米，每亩栽植44~56株的中密果园。树形由主干、主枝和结果枝组三级构成。主干高70~90厘米，树高3.0~4.0米，中干直立，其上按照间距15~20厘米或者成层错落排列10~15个伸向各个方向的小主枝，各小主枝向四面八方延伸，无明显层次，同侧相邻小主枝的垂直距离应大于60厘米；主枝基角80°~90°。下层主枝长1~1.5米，其上不配备侧枝，直接着生中、小枝组；向上依次缩短。连年缓放培养下垂结果枝，修剪上以缓放、疏除为主，极少短截。果树达到一定高度后，将树头弯下结果。适于极性强、成花难的品种，如富士苹果等。枝干粗度比为1：3。

2. 细纺锤形

该树形适合于M_{26}、M_9中间砧和自根砧上红富士普通型、短枝型品种和株距2米左右、行距3~4米，每亩栽植83~111株的密植苹果园。主干高80~100厘米，树高2.5~3.0米，冠径1.5~2.0米，中干直立，其上均匀着生20~30个生长中庸、单轴延伸的侧生中小枝组，或者成层错落

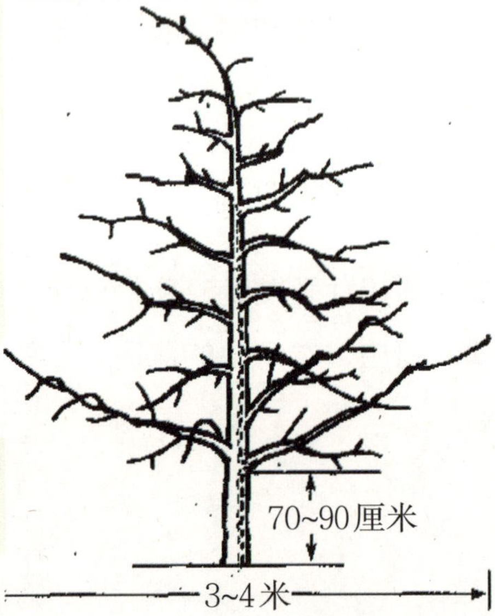

自由纺锤形树形

细长纺锤形

排列10~15个伸向各个方向的小主枝（中小型结果枝组），在同一侧枝组垂直间距在60厘米左右；枝组基角90°~100°，下层枝组略长，上部略短，全树瘦高，呈现出细纺锤形。

3. 开心形

株行距都在6~8米左右，全部为乔化树，一般有永久性主枝2~4个。整个树姿开张，光照充分，下垂枝结果，果实品质极高。无中央领导干，叶幕层呈平面或斜面立体分布；树体骨架级次多，保留有侧枝或辅养枝；培养大、中、小型结果枝群组。

高光效树形骨干枝数目不同，主枝开张的适宜角度有着很大的区别，具体见下图。

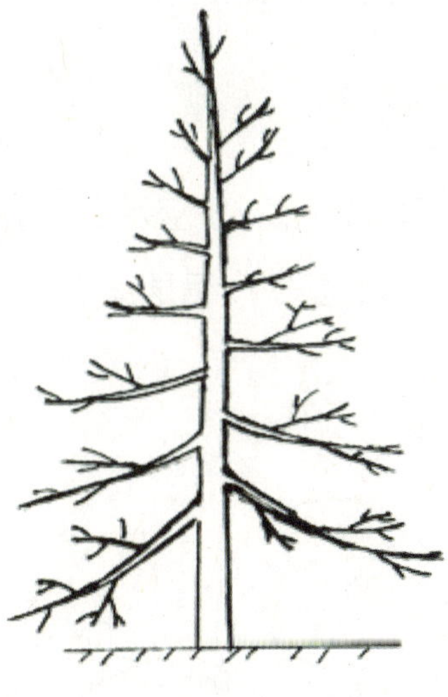

高干纺锤形

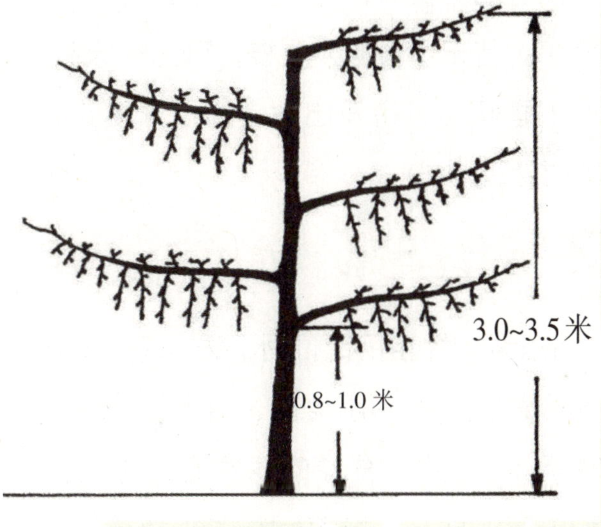

双层开心形树形

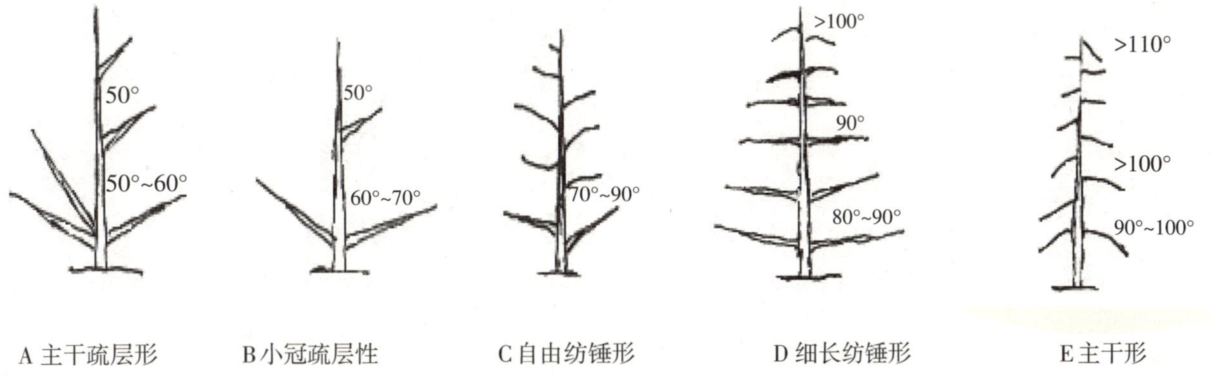

几种高光效树形主枝适宜开张角度示意图

苹果树休眠期修剪

指落叶果树从秋冬落叶后至春季萌芽前的修剪。

1. 延长枝修剪

有空间的延长枝，缓放不剪。当株间、树冠已交接时，可用其中上部的背后枝换头。若无适合的换头枝，可先将原头拉成下垂状态，待发出适合的枝再换头，回缩时勿过重。

2. 枝组的培养与更新

富士果树利用两侧的水平枝、斜生枝及部分背上枝，采用缓放、背上枝拉平，单轴延伸，只疏除先端的竞争枝及其上过强和过密的弱枝，培养冗长的松散枝组。并使大小不同的枝组，在每个主枝上形成中部以大中枝组为主，基部和梢部配置中、小枝组，在主枝上呈菱形分布的状态。

结果枝组的修剪，正常枝组只去弱留强，单轴缓放。衰老枝组，应及时更新，回缩到侧生的下垂枝、斜生枝，或健壮的果台枝上，维持枝组的长势。若枝组基部有短果枝时，可回缩到短果枝处，基部无短果枝，只有利用枝组前部的结果枝结果后再回缩。在结果枝组中有短果枝又有长果枝时，截长留短，促发枝。

3. 背下枝的修剪

首先应及时疏除过密和过弱的下垂枝，其余枝视其强弱，缓放强枝，适当回缩复壮弱枝。

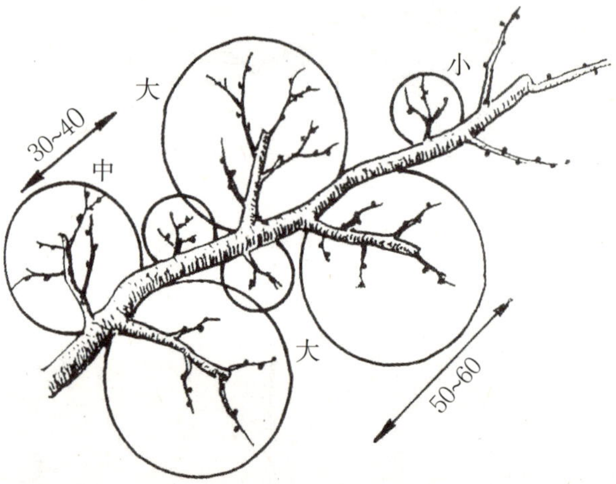

结果枝组的配置方法

苹果树生长期修剪

指春季萌芽后至秋季落叶前进行的修剪，又称夏季修剪。

1. 春季修剪

春季修剪常用方法：

（1）刻芽：主要用于定位、定量促发枝，克服长放枝基部光秃的缺陷。一般要促生短枝，刻芽要晚，萌芽前7天以内刻芽，刻的浅(至木质部，但不伤及木质部)，刻的窄(宽度小于芽)，刻的远(距芽0.5厘米左右)，多在春季。若要促发长枝，刻芽要早(萌芽前1个多月)，刻的深(至木质部内)，刻的宽(宽度大于芽)，刻的近(距芽0.2厘米左右)。应在萌芽前7~10天前进行。

刻芽的数量：主干及中央领导干：干高以上至1.5米，每3个芽刻一个；1.5米至2.5米，每6个芽刻一个。主枝及辅养枝：多刻两侧的，少刻背后的；背上芽在芽后刻，抑制萌发。

（2）延迟修剪：一般从萌芽开始到花芽绽开期进行。可缓和旺长树的长势，但勿修剪过重；且能尽早调整树体的总芽量。可按计划产量留足结果壮枝，对串花枝留3~4个花芽短截，剪截无花果台枝，回缩无花果枝组等。

（3）环割：对粗度超过着生母枝1/3以上的旺长分枝可在春季萌芽前后，从基部开始每隔20~25厘米环割一圈，深达木质部，控制生长，削弱顶端优势，促成花结果。

2. 夏季修剪

夏季修剪常用方法：

（1）开角抑长：对结果树的主枝于5月至6月上旬，采用拉枝的方法开张基角达到要求的角度。树冠内有空间的旺长新梢，长到40厘米以上时，压倒拉平，改造成平或斜生的结果枝组；无用的部分及早疏除。幼树中心干上当年所发的新枝，长到30厘米以上时，用牙签将基角撑到50° 左右，为秋季开角创造条件。

（2）疏枝摘心：夏季应及早剪除竞争枝，无用的旺长枝及过密枝。尤其是主枝基部30厘米以内、剪锯口附近所发的新梢和开角大枝背上无用直立枝，剪除越早越好。

（3）环割促花：对旺长的主枝及辅养枝，于5~6月份，从基部起每隔10厘米每隔7~10天左右环割一圈，共割2~3道，也有利于缓和生长，以利成花。另外对背上留用的直立枝，可于5月下旬至6月上旬从半木质化部位扭梢，或从基部5厘米左右处短截，促生斜生枝，以便培养枝组。

3. 秋季修剪

秋季修剪方法：

（1）拉枝开角控制生长：一般于8月中、下旬至9月上旬，对角度小及直立的1~2年生旺枝，拉至平斜或下垂状态。可有效控制生长，又不易冒条。

开张角度

（2）摘心促壮、疏枝改光;6月中旬至9月上旬，疏除树冠外围双叉枝、并生枝、重叠枝等过密的挡光枝和内膛密挤的细弱枝。提高光合作用，增加树冠养分积累。

摘心，是对未停长的当年生枝，于秋季摘除顶端幼嫩部分，控制生长以利树体越冬。

基砧断根处示意图

环割

幼龄苹果树的整形修剪

1. 定植当年的修剪

一般定植当年刻芽后可发出3~8个较强的分枝，当新梢长到40厘米以上时用牙签将其基角撑开，以防生长过旺，又为以后开角创造条件。

冬剪时选3~5个方向、间距适合的分枝作主枝，剪留3厘米左右。其余分枝全部疏除或缓放。中心干延长枝短于80厘米的，中短截，大于80厘米的轻短截。

2. 定植第二年的修剪

（1）春刻芽。春季萌芽前，从中心干延长枝基部开始每隔3个芽刻一芽，直到顶部留四个芽，扣除顶芽以下3个芽，促发间距12厘米以上又互不重叠的长枝，并保证顶端优势，使中干强壮直立。

（2）抹芽。在新梢旺长初期，将主干上的萌生枝及主干基部的根基全部疏除。中心干上过密处的枝，疏弱留强，其余枝任其生长。两侧过旺枝长到40厘米以上时，用牙签撑开基角调整生长。

（3）开角。8月中下旬至9月上旬，将上年冬剪未疏除的临时枝及当年生枝的基角，采用撑、拉的方法，使枝条呈水平或下垂状态。

（4）冬剪。将中心干延长枝留70厘米左右短截或扣除顶芽以下3个芽，并除去各枝上的竞争枝，并疏除过密枝、重叠枝、并生枝或调整这些枝的延伸方向。对长放枝上较强的分枝，留0.5厘米疏除，以控制相适宜的枝干粗度比。

3. 定植第三年苹果树的修剪

主要以增加枝量促进成花，所以在萌芽期对长放枝进行多道环割，抑制生长。5月份对有空间的旺长枝，采用拿枝软化、别枝改向或多次摘心缓和生长，培养小型枝组。

冬剪时，对已形成的单轴枝组上的过旺营养枝，以及无用的徒长枝，尽早疏除。对枝干粗度比等于或大于母枝的分枝疏除。已形成的小枝组，疏其过旺枝或任其下垂缓和长势。

骨干枝上的延长枝缓放不剪。而当萌发的其他长枝，有空间的压倒拉平，培养单轴枝组，无空间的疏除。

盛果期树的修剪

1. 夏剪

应及时疏除内膛无用的徒长枝，背上多数直立枝，密挤的细弱枝。疏除树冠外围旺长的挡光枝。控制外围，充实内膛。

2. 冬剪

注意控制树高。当植株高度超过行距时，冬剪应落头。但要防止落头过重，应分年进行，落头时留根枝、防冒条。

3. 枝组的调整及更新

过密的单轴枝组，多采用变向、回缩或疏除等方法加以调整。枝过稀的部位可利用拉枝补空或增枝的方法补枝。过粗过长的衰老单轴枝组，要及时更新或逐年疏除。利用剪、锯口萌发的新枝重新培养新结果枝组。中型枝组，多采用中度回缩或疏除。小型枝组衰老后，常采用疏除或轻回缩的方法复壮。对枝轴上的长枝、旺枝在枝组未衰老前应留三芽短截。中庸枝缓放。枝组中的中、短果枝，除去过密的部分要剪，其余多不修剪。

自由纺锤形整形要点

苗木定植后于90~120厘米处定干，保证剪口下有8~10个饱满芽。幼龄树，中心干延长头剪留长度一般为40~50厘米。对于中干强旺的延长头可以留50~60厘米轻剪，并在早春采用定位刻芽促枝技术，促进中、下部芽抽生长梢，中干过强可换弱头轻截或不截；对中庸或偏弱中干要中截40厘米左右。主枝数过少或过强可重截萌发，延长头缓放不剪，与中干竞争者可疏除或重截，留下的辅养枝、临时枝甩放不剪，单轴延伸，春季捋枝或秋季拿梢使其水平生长。4~5年生树形基本形成。

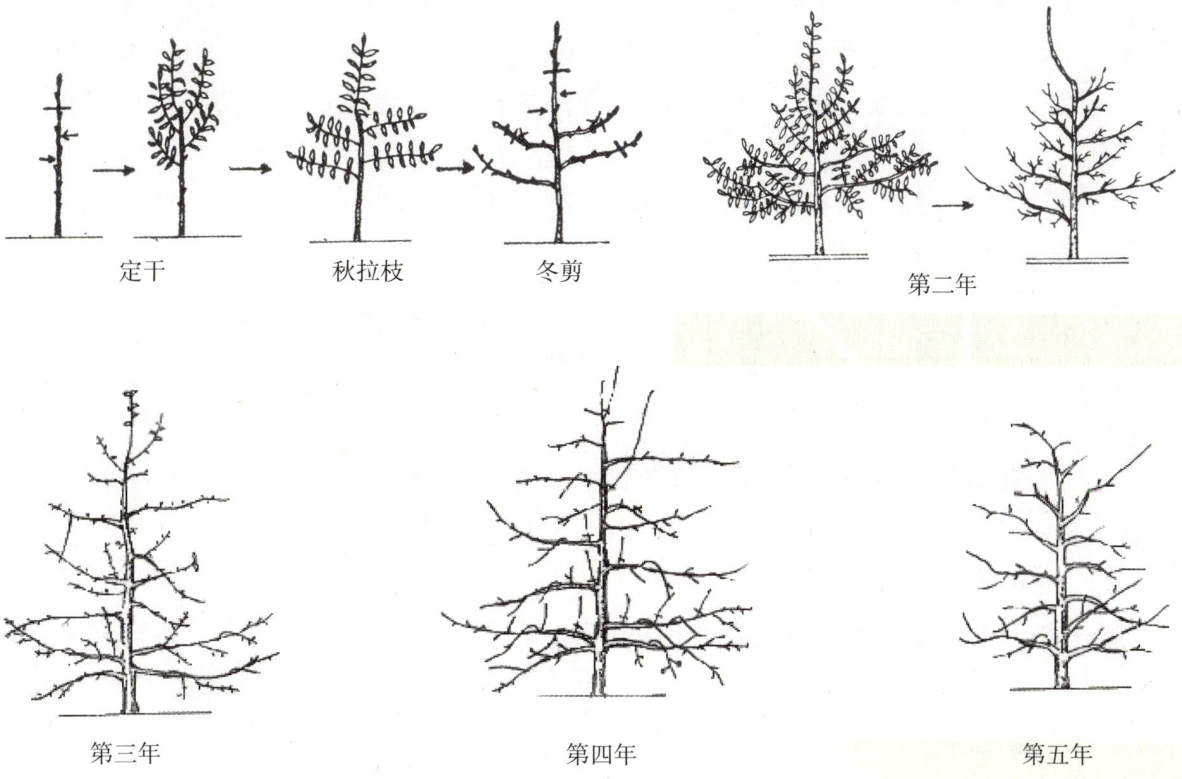

自由纺锤形树形整形技术示意图

苹果园土壤管理

1.适宜的果园土壤物理性状

（1）保持稳定的三相比：（水分）25%，（空气）25%，固相50%（土壤47%，有机质3%）

（2）土壤团粒结构：占土壤的比例为25.0~37.5%。土壤有30%的黏粒来保存养分，保水、保肥、供水、供肥能力强。

（3）土壤容重：土壤容重是指单位容积原状土壤（孔隙）的重量。好果园为1.1~1.5克/厘米^3。土壤疏松，砾石度在20%左右，通气、透水性好。

（4）阳离子交换量：好果园土壤阳离子交换量要大于15厘摩尔/千克。

2.稳定的果园土壤环境条件

（1）土壤通气：土壤氧气含量达到10%以上时新根才能发生，5%左右时生长缓慢，2%~3%时则停止生长。

（2）土壤水分：水分与通气是一个矛盾的统一体；最适宜是土壤相对含水量的60%。

（3）土壤温度：苹果根系生长的最适温度是15℃~25℃，以20℃生长最快。生产中要根据当地气候特点，为果树根系生长提供稳定的温度环境条件。早春土壤温度回升慢，夏季高温和冬季冻害等均是影响根系的主要因素，栽培技术就是调节。

3.充足的果园土壤营养含量

果园土壤中的各种营养供应充足且有效性高时，果实的质量有所提高。

4.适中的果园土壤pH

土壤酸度显著影响苹果根器官中氮、磷、钾、钙、锰、铜、锌的浓度；因此保持果园根层土壤的pH值在6.5~7.5，可提高各种元素的可利用率。土壤pH<6时可给供性高的矿质元素有：铜、锌、钴、镍、锰、铬。土壤pH>6时可供给性高的元素有：钨、钼、砷、铯。广泛pH范围内可供给性高的矿质元素有：硼、氟、碘、氯、溴。

5.良好的生物活性

土壤5~15厘米土层内的微生物数量应达到5亿个/克以上。至少达到1.5亿个/克土壤。每亩有蚯蚓15万条以上，并且有蟑螂目、七星瓢虫、草蜻蜓、花牛虻、蜘蛛、青蛙、土壤小动物类如啮齿类、蠕虫类、蚂蚁等。

现代果园提高土壤有机质的主要措施

增施有机肥是提高土壤有机质的最主要措施。

1.自制有机肥

（1）方法

主要材料：牛粪、猪粪、鸡粪（1：1：1）效果最好，木材、谷糠和其他有机物如稻草、大麦秸、麦秸、山野草、豆秆制作方法：碳物质材料（各种有机物）1000千克氮物质材料（畜粪尿）1000千克 发酵微生物剂（绿洲酵素3号）1~2千克水可以达到材料含水量60%~70%，米糠或麦子秆30千克、红糖500克。首先把材料调节到60% ~70%含水量，再配制米糠和酵素微生物，把红糖水撒米糠上与原料混合。

（2）有机肥的施用量

果树改良土壤中有机肥一般达到60厘米。在土壤有机质1%果园，如果希望每年维持1%的果园土壤有机质含量，每年需要补充有机肥180×4/0.3约2400千克。如果维持有机质含量1.5%，需肥约3600千克；如果维持有机质含量2.0%，需肥约4800千克。

2.商业有机肥

商业有机肥有生物有机肥、微生物有机肥。

有机肥的自制

果园覆盖栽培法

利用稻草、麦秸、大麦秸、草、落叶、锯末、塑料、纸等材料盖在果树树盘下的一种栽培方法。其中最常见的是园内覆草（生物覆盖）。一般多为树盘覆草、定植带覆草或全园覆草。

树盘覆草

定植带覆草

全园覆草

几种果园覆草模式

苹果园土壤改良的几种技术

1.沟施作物秸秆等有机物

每年秋季结合施基肥，沿树冠垂直投影外缘内外或株、行间挖深50~60厘米，宽40~50厘米的环状深沟或条沟，将作物秸秆、杂草等有机物切碎与表土分层填入沟内或将秸秆等有机物与有机肥分层填入沟内再填表土，最后用底土填平，踩实灌水。也可采用先将有机物全部填入沟底，再将肥料与表土混匀填入，最后再用底土填平。一般亩施作物秸杆等有机物约3000千克、有机肥1500千克以上。为了加速秸秆等有机物的腐烂分解，还应加施适量的尿素和过磷酸钙。一般1~5年生树株施尿素0.10~0.15千克，过磷酸钙1.0~1.5千克；5~10年生树株施尿素0.15~1.0千克，过磷酸钙1.5~2千克；10年生树株施尿素1.0~1.5千克，过磷酸钙2.0~2.5千克。

2.土壤施用果枝碎屑

果树每年冬季剪掉的枝条，粉碎后是改良土壤的较好物料。利用果树自身器官的农家肥，将冬季修剪剪下的枝条等做成烟头大小的碎木段，发酵后施入土壤，经7~10年以上时间才能逐渐分解，并为土壤小动物、有益昆虫、土壤微生物提供安乐窝。每年每亩使用锯末发酵肥料2000千克，需要5~7年可使土壤有机质含量达到5%。

3.土壤施用矿物质及天然材料

近年来一些天然的矿物质能够稳定和提高、平衡土壤的物理机能，而受到关注。主要用的有贝化石、麦饭石和活性磷酸盐石等。

4.深翻熟化土壤

根据墒情适度深翻、熟化表层土壤；使园土逐步达到“深、肥、暄、温、润”要求。

以秋季果实采收后结合施肥进行为宜；具体深翻时间以9月中旬比较适宜；以50~60厘米为宜，注意表土与心土上下倒换；翻后应及时灌水；深翻与施基肥相结合；注意保墒。

成年果园土壤管理

1.生草栽培制

在年降水量500毫米以上或有灌溉条件的果园，于果树株间、行间种植禾本科、豆科草种，或实行自然生草并进行刈割的土壤管理制度，为生草栽培制度。

2.清耕一覆盖作物制

在一年中的某一时期内，使苹果园内的土壤保持清耕状态，而在另一时期内，则种植覆盖作物。这种土壤管理法，称为清耕一覆盖作物法，或称为清耕一覆盖作物制。

3.覆盖制

覆盖制，包括有机物（秸秆等）覆盖、塑料薄膜覆盖和砂石类覆盖三种制度。

清耕覆盖作物类型

（1）有机物覆盖。

①覆盖材料　可用稻草、麦秸、堆厩肥、山野草、锯末和树叶等作覆盖材料。如果用锯末和秸秆等，最好是先施氮素化肥，后覆这些材料，以调整碳氮比，防止土壤暂脱氮。或将这类材料堆积1年后再用。

②覆盖时期　一年四季均可进行，但以夏初、秋末为最宜。覆盖前，最好先浇水，后覆盖。

③覆草厚度　距树干0.5米以外，将覆盖材料均匀地撒铺到树冠下，厚度以15~20厘米以上为宜。

（2）地膜覆盖法。果园覆膜一般选用黑色地膜为好，覆盖时间以早春为宜。覆盖前结合施肥做垅整地，以树行为中心，做高20厘米，宽2.5~3.0米的土垅，垅面整平并适当拍实，后进行覆膜。

秸秆覆盖

薄膜覆盖

沙石覆盖

果园覆盖制的几种类型

果园覆盖地膜

覆银色反光膜

覆黑色地膜

果园覆膜类型

果园覆盖的主要种类

1.砂石类覆盖法

覆沙为传统的覆盖方法，起源于兰州、榆中、永登等地，常在土壤表面覆盖一层夹有卵石的粗砂，俗称砂田或铺砂地。在静宁县仁大、李店、治平等南部乡镇果园普遍应用。沙田覆盖时间一般在早春，先对土壤进行施肥，然后整平地面并培实。每亩取干净河沙20~30米，全园覆盖厚度7~10厘米。

2.树盘覆盖

幼园栽苗完毕浇透水，表土干后，锄平地面，使树盘周边略高一些，以便接纳雨水。将1平方米左右地膜中央戳一孔，套过苗干，平铺在树盘上。如果苗干上有分枝，不便从上向下套，则可从一边剪开地膜到中央，再套过树干，平铺于树盘内。然后，用湿土将树干周边的薄膜压实，地膜四周也用土压严，以防风吹和水分蒸散。

3.树行覆膜

在株间密植红富士苹果园，顺行做畦埂，平地浇水，待水下渗后，重新整地，拣出石块和树枝，顺行覆盖地膜。

4.肥水穴覆膜

在旱地果园采用穴贮肥水时，当回填土后，每穴浇水30~50升，紧接着平整地面，上覆一块大于肥水穴20厘米的地膜，在肥水穴中央位置的地膜上，戳一小孔，平时，用石块或瓦块盖住，留待日后施肥、浇水用。

树盘覆膜

树行覆膜

肥水穴覆膜

地膜覆盖的几种类型

苹果园基肥施入技术

1.苹果树基肥施入要求

苹果园基肥施入有早、足、全、熟、匀五字要求。早熟品种在采收后施入；晚熟品种在10月底以前施入。一般产量低的（2000千克以内的）斤果斤肥施入；2000千克以上的及优质果园按照斤果500克0.5~1千克有机肥的标准施入。也有按株龄定施肥量；每龄按15千克有机肥增加施用量。要求有机肥和无机肥混合施用，大量、微量、有机、无机、生物肥均有，达到有机肥料的长效性、化肥的速效性、生物肥的促效性，取得三效合一的施肥效果。

2.基肥施入方法

有机肥施用可采用环状沟施法、条状沟施法，也可全园撒施后翻入土中。

环状沟施：在树冠外围挖40~50厘米宽、50~60厘米深沟，将有机肥和土混合后，再覆土。适宜幼树扩盘。在树冠投影外缘挖环状沟，沟深20~50厘米，宽20~40厘米，环状沟不宜连通，应断开为3~4段。生产中注意肥料不能集中倒入施肥沟，应分层撒施，即每施一层肥，回埋10~20厘米土。

环状施肥

条状沟施：在果树行间一侧挖一条宽40~50厘米、深40~50厘米的沟，肥、土或单混匀施入沟内，然后覆土。适宜成

放射状施肥

龄树。条状沟距主干0.5~1.0米，沟深40~60厘米,沟宽50厘米，沟中埋入20厘米厚的秸秆，有机肥分层施入或与土混匀施在20~40厘米深土层中，上层填底土，也可以全部用表土回填，把底土撒在行间促使熟化。次年则在另一侧挖沟，以后再挖沟时应从先前条沟外缘再向外挖。

放射状沟施：距树干0.5~1.0米处向外挖4~6条放射状沟，沟深30~40厘米，沟宽20~40厘米，里浅外深，长度达到树冠外缘。

条状沟施

全园撒施：成年果园和密植果园，可采用撒施法。先把肥料特别是有机肥均匀撒在地面上，然后翻入土中，深度20厘米左右。

3. 苹果树的缓/控释肥施肥

缓/控释肥（Controlled Release Fertilizer－CRF）是通过各种机制措施预先设定肥料在作物整个生育周期的养分释放模式，使其养分释放规律同作物吸收养分规律相同步。

苹果树的生长发育有一定的规律性，需肥时期较集中，一年需要多次施肥，而施肥量和时期往往把握不准，从而影响苹果树的生长、结实及安全生产，控释肥恰恰可以解决这些问题。

控施肥料可以是一种单质肥料，也可以是多种肥料混合而成的全营养肥料，还可以是添加植物生长调节剂或其他农药的兼有防治病虫害等复合功能的肥料。

苹果园追肥施入技术

1.追肥施入方法

可采用放射状沟施、穴状点施、全园或树下撒施，也可结合灌溉施肥。

（1）放射状沟施：在距树干50~80厘米处，向外挖4~6条宽30~40厘米、长40~50厘米的放射状沟，直至树冠外缘，深度一般20~30厘米，内侧沟浅而窄，外侧逐渐加深加宽，肥料均匀施入沟内。

（2）穴状点施［穴贮肥水定位灌溉］：在树冠中部到外围用钢钎开挖25厘米左右的穴，每穴施入化肥。

（3）全园或树下撒施：地面撒施后，浅翻20厘米左右，整平。

穴状施肥

（4）灌溉施肥：将定量的肥料溶于灌溉水，随水一起施入苹果根际。

2.追肥施肥量

按亩产2000~3000千克产量计算，全年追施纯氮18~23千克，纯磷（P_2O_5）13~16千克，纯钾(K_2O)25~30千克。

3.追肥施肥时期

苹果树的吸肥动态是：前期以氮为主，中后期以钾为主，对磷的吸收全年比较平稳。因此，追肥前期以氮肥为主。中后期以钾肥为主，磷肥随基肥施入，以保证磷肥全年供应。

（1）萌芽前后追肥　萌芽前约一周左右，追氮肥，用量应占全年用量的1/3~1/2。水地分两次施入。每次用量占全年用量的1/5左右。一般萌芽前一次，花后再施一次，按株施尿素0.5~0.75千克（硝态氮，幼树亩施20千克，成年树亩施40千克），或施氨基酸复合肥2千克。以利枝叶生长和开花生果。若基肥中已加施了氮肥，萌芽前可不追肥。

（2）幼果膨大期追肥　以磷、钾为主，配合铵态氮肥。多施磷二铵，钾肥以硫酸钾或氯化钾为主，用量占全年用量的1/3~1/2，以果实开始膨大到迅速膨大期施入为宜。

（3）花芽分化肥　6月份多为花芽开始分化期，幼果也在膨大，对初结果树，株施二铵0.5~1.0千克，盛果期株施二铵1.0~1.5千克。7~8月份果实迅速膨大，初结果树和盛果期树分别株施硫酸钾或氯化钾0.25~0.5千克和0.5~1.0千克，均能明显提高果实品质。

（4）秋季施肥　结合施基肥时施入，施入全年所需氮肥的1/2左右、磷肥的全部及钾肥的1/3~1/2，在施基肥时一同施入。

苹果园叶面追肥技术

1. 叶面肥种类

叶面肥有大量元素氮磷钾叶面肥、中量元素钙镁叶面肥、微量元素叶面肥以及将中微量元素螯合的氨基酸、黄腐酸等叶面肥。中量元素主要指钙、镁类叶面肥，是黄土高原地区苹果上使用量最大的一类叶面肥。

2. 叶面肥施用技术

（1）初花期。喷 0.3% 的硼砂或 0.2% 硼酸加 0.2%~0.3% 的尿素或磷酸二氢钾，提高坐果率。

（2）盛花期。喷普洛马林 600 倍液或喷宝丰灵 500~600 倍液（七天后再喷一次），提高新红星、富士系苹果的果形指数。

（3）展叶后。每 15~20 天喷一次 500 倍液的光合微肥，共喷 3~5 次。

（4）果实膨大及着色期。分别喷 500 毫克/升稀土微肥和 200 倍液磷酸二氢钾或喷 200 倍液氨基酸微肥 2~3 次，均可促进果实着色，提高果实品质。

（5）生长前期。每隔 10~15 天喷一次 0.3%~0.5% 的尿素溶液，共喷 2~3 次，有利于花芽分化。

（6）果实膨大到成熟前是追钾肥的最好时期 7~8 月后，喷 0.3%~0.4% 硫酸钾。另外在蕾期喷 500~600 倍的有机钾肥，还能起防冻害的作用。

（7）补钙防生理病害。从花后两周开始到套袋前连喷 2~3 次，除袋后到采前 20 天喷 350~800 倍液的钙宝或翠康钙、糖醇钙等含有效钙高（10% 以上）、吸收率也高（80% 以上）的螯合钙、有机钙，均能有效地预防苹果因缺钙发生苦痘，黑、红点病等生理病害。但钙剂不能与波尔多液及含磷酸的制剂混用。而与一般的杀菌剂和杀虫剂菌均可混用。

（8）除袋后喷天达 2116，使富士表面光洁色鲜艳，红点病果率明显下降。5~8 月份喷天达 2116，使单果重增加，产量、售价提高，斑点落叶病减轻。

（9）另外采收后喷高浓度的（0.5%~1%）尿素，有利于提高树体光合性能，恢复树势，增加树体养分积累，也有利于越冬。

苹果园沼肥施用技术

1.沼肥的使用方法

（1）基肥。采收后（10月中下旬）或下年萌芽前（4月中旬以前）施入。盛果期株施沼渣30~40千克（或沼液60~90千克）；初结果树株施沼渣25~30千克（或沼液30~50千克）；幼树株施沼渣10~15千克（或沼液15~25千克）。

（2）追肥。一般萌芽前、幼果期、花芽分化期、果二次膨大期追肥。对幼树分别于3月底、6月上旬、8月上旬在树冠外围投影下，挖宽20厘米，深15厘米的短条沟，按株施沼液10千克左右或沼渣约3千克的用量施入，并结合灌水覆土。

2.叶面喷施

一般主要在花期、春梢生长（幼果期）、花芽分化期、果实第二次膨大期进行。也可采用从初花期开始至落叶前每隔15~30天喷一次，连续喷施的方法进行。用于喷施的沼液，必须是正常生产沼气1~3个月后所生产的沼液。先将喷施的沼液澄清，再用纱布过滤制成原液备用。

因喷施的条件和对象不同，所用的浓度有别。沼液对于早期落叶病、炭疽病、果锈蚜虫等都有一定的防效。

3.涂干

一般在萌芽前、花后10天、花芽分化期以及果实膨大期等主要时期用沼液的原液，涂主干基部0.1米以上，1.2米以下的部位。涂沼液前，先将要涂肥部位主干老翘（粗）皮刮除再涂抹。萌芽前和花后10天涂干，有利于促进坐果和幼果生长。花芽分化和果实膨大期涂沼液，可明显的促进花芽分化，增大果个。另外在春季涂干，沼液中加一定量的吡虫啉等杀虫剂可防治蚜虫等害虫。对早落叶的树及时涂干，有利于补充树体养分。涂干比叶面喷肥见效迟3天左右。

苹果园年周期中灌水的关键时期

1. 树体萌动期

春季果树萌动期灌水可促进芽萌动、新梢生长和叶片增大，并具有提高坐果率的作用。此次灌水在春旱多风地区尤为重要，一般于花前追肥后马上浇水为宜，宜早不宜晚。

2. 落花后

正值幼果形成、膨大期与新梢迅速生长期，新梢、叶片、幼果生长点多，是需水的最大时期，也是对水和养分要求最迫切、最敏感的时期。一旦出现水分亏缺，即会出现新梢生长势减退、幼果发育迟缓及落果等现象。一般于花后追肥浇水即可。

3. 果实迅速膨大期和花芽分化期

此时新梢停长或生长缓慢、果实体积增大速度相对较快，同时也正值花芽分化的开始期，因此也是需水的关键时期。此次灌水可结合追肥进行。

4. 采后水

采收前一般不宜灌水，以确保果实品质。

5. 封冻水

封冻需要浇头水一次，以使土壤贮备充足的水分，利于肥料的分解和根系的吸收，从而起到促进树体的营养积累，提高树体抗寒能力。

果园节水灌溉技术

1. 局部灌溉

又称为局部干旱(Partial Rootzone Drying, PRD)是在水源条件受限制时或将灌溉水和作物所需的养分（其溶解于灌溉水中）直接地适时适量输送到作物根部附近，仅湿润作物根区附近土壤，而远离作物根部的行间或棵间的土壤保持干燥。

2. 穴贮肥水法灌溉

方法是在树干周围挖4~7个穴，穴在较大主枝下方距主干2/3处。穴直径45，深50。将玉米秸秆切成35长，绑成捆，用水泡透后纵向插在穴中央，每穴施入优质有机肥5千克，过磷酸钙500克；要求玉米秸秆塞紧且与穴壁间无大缝隙，顶端略低于地表。然后每一穴面玉米秸秆上均匀撒二两半尿素，上面覆盖表土，以不露秸秆为准。然后整理树盘，使营养穴低于地面1~2厘米，形成盘子状。每穴浇水5千克，在穴口覆盖地膜1~2米^2，地膜边缘用土压严，正对草把上端捅一小孔，用石块或土块堵住，作为日后追肥、浇水或承接雨水。一般在花后、新梢停长期、采果后3个时期每穴追尿素或复合肥50~100克，将肥料放于草把顶端,随即浇水5千克左右。一般贮养穴可维持2~3年，发现地膜损坏后要及时更换，再设置贮养穴时改换位置，逐渐实现全园改土。

3. 调亏灌溉

调亏灌溉又称少量灌溉、限量灌溉技

穴贮肥水示意图

术。在作物生长发育某些阶段（主要是营养生长阶段）主动施加一定的水分胁迫，促使作物光合产物的分配向人们需要的组织器官倾斜，以提高其经济产量的节水灌溉技术。

4. 控制性交替灌溉——隔行或小沟浇水

土壤局部改良肥水高效利用操作方法

（1）挖穴状施肥坑：在外围延长枝垂直向下20~30厘米内侧挖2~4个长、宽、深各40~60厘米的坑。

（2）增施有机肥：每亩施用2~4吨有机肥（或一定量的配方肥料）。用量是土壤的1/3、1/2、2/3，使根系局部一次有机质达3%~5%。

（3）挖沟起垄：在施肥穴外顺行向或灌水方向，贴施肥坑外缘做宽、深分别为30~40厘米的灌水沟（排水沟）。沟土覆盖于行内，高度15~20厘米，垄面距树干处高，外围低，呈一斜面。根据栽植密度和树龄，在起垄和施肥穴上面每边铺盖1~2米的黑色地膜。树干周围3~5厘米不埋。

控制性交替灌溉示意图

雨养农业区苹果园节水栽培措施

1. 耕作保墒

（1）早春顶凌刨园：此时土壤刚解冻，正值返浆期，刨园后耙耱，可以保蓄由土壤深层上升的水分，并能提高土温、增加透气性和促进根系活动。

（2）雨后中耕保墒：下雨或灌水后，待地面晾干时进行浅中耕，可破除表层板结，截断土壤毛细管，减少土壤水分蒸发，从而起到保水作用。

（3）剪草、除草和松土：干旱时松土除草，或剪草刈割草层，可明显减少土壤的失水。当表层土壤干旱时，可镇压提墒。雨季来临前，耕翻土壤，立垡不耱，可多纳雨水。雨季过后，要浅耕耙耱，蓄水保墒。

（4）修盘扩穴：采收后，结合施基肥，深翻扩穴，修好树盘或树带，以利于多纳雨雪。

2. 覆盖保墒

（1）有机物覆盖：该项技术更符合我们的国情，应大力普及推广。

（2）塑料膜覆盖：在一定条件下，可应用此技术保墒，但有污染之嫌，故只限于特殊情况下采用。

（3）化学覆盖：将高分子化合物制成的乳状液，喷于果园地表，迅速成膜，具有良好的保墒作用。

3. 积雪增墒

雪多的北方果区，可收集行间、路边和村中的积雪，堆培于树盘或树行内。这既能增加早春土壤墒情，又能保护根颈。

4. 节水栽植技术

栽植密度越大，枝叶量越多，耗水也越多。因此，要适度栽植。乔砧—普通型品种组合，行距5~6米，株距3~5米；矮化中间砧－普通型品种组合，行距4米，株距3米左右；矮砧（或矮化中间砧）－短枝型品种组合，行距3~4米，株距1.5~2米。栽植方式以长方形为主。

果园节约灌水

1. 在关键时期灌溉

如北方苹果区，苹果树常受春旱、伏旱和秋旱的威胁，应在最需水时，灌"救命水"、"保果水"、"肥大水"和"防冻水"等。

2. 按物候期实际需要灌溉

在萌芽期，花前、采前需水少，要少灌水。而在春梢迅速生长期和幼果膨大期，需水量大，要多灌水。结冻前要灌足越冬水。

3. 根据特殊需要灌溉

在春季晚霜前灌溉，可减轻霜害。在花前10~15天进行地面灌水，或喷灌，可延迟花期4~5天。在花前5~10天进行地面灌溉，可延迟花期3~5天，避开晚霜或寒流的危害。

夏季高温日子里，中午（11~15时），地表温度高达40℃以上，枝叶蒸发水分很多。若每15~30分钟，进行一次喷灌，每次3分钟，每天喷8~10次，可明显降低果园温度，减少果实和枝干的日灼，提高叶片光合效率，克服叶片午休现象。这种灌溉，也称"凉爽灌溉"。

通过灌溉时期和灌水量的调节，可抑制或减少某些病虫害的发生。

除缺钙原因外，苹果裂果与前期严重干旱，后期突遇大雨或大水漫灌有关。所以，久旱以后，灌溉宜分数次，逐渐加大灌水量，以减轻裂果强度和裂果率。

在盐碱地排水良好的条件下，于返碱之前或返碱时，灌大水压碱，效果较好。

促进花芽分化，提高花芽质量技术

1. 追好花芽分化肥

苹果通常从春梢停长后开始花芽分化，一直持续到9月份，其中6~7月主要是短枝花芽形成，8~9月则是副梢和腋花芽形成。

2. 合理修剪，改善树体光照条件

生产中对旺树、旺枝进行摘心、环切或环剥能增加或促进养分积累，从而有效促进花芽形成。环切环剥在红富士促花中的作用十分显著，主要根据以下情况采用：

（1）如果今年果树负载量多，则应以环切为主，尽量减少环剥手法使用量，反之则应以环剥为主，切、剥结合。

（2）临时株上应该重一些，切剥均可用；永久株应用可轻一些，环剥要分枝类使用；在永久株上，永久主枝可环切，力争不环剥。而永久株上的临时主枝切、剥灵活应用。

（3）在一株树上，基角小的主枝，多道环切或环剥；基角大的主枝，双道环切，尽量不剥。基角大于90°，不要环切环剥。

（4）对于冬剪后枝势微上翘、枝条健壮的长放枝在其基部单环或双环环切，使其上春梢尽可能停长成花，形成结果枝串。

（5）环切环剥必须坚持“强枝重切（剥）、庸枝轻切（剥）”的原则。

3. 严格疏花疏果，合理留果

根据产量确定对树体的控制程度，以形成相对合理的花芽数量，严格疏花疏果，保持合理留果量，保证优质花芽的形成。

4. 加强病虫害防治，防病保叶

加强对叶螨、蚜虫、顶梢卷叶蛾、食叶虫害及白粉病的防治，保证叶片的完好率。此外，采收过晚，果实消耗养分时间长，影响树体贮藏养分的积累和花芽的进一步发育，适期采收对花芽质量十分有益。

保证授粉、提高坐果率技术

1. 合理配置授粉树

选相适宜的授粉品种，配置适量的授粉树，使授粉树占果园总株树的20%左右。最好2~3个主栽品种间能互为授粉。授粉品种与主栽品种通常相隔2~4行，一般不超过20~30米。

2. 花期放蜂

（1）蜜蜂授粉

蜜蜂以较耐低温的中华蜜蜂为好。蜜蜂授粉的有效范围为40~80米，一箱蜂可控制大约5000米^{2}面积的苹果园。果园放蜂要在开花前2~3天将蜂放入果园，使蜜蜂熟悉果园环境。

（2）壁蜂授粉

角额壁蜂授粉能力是普通蜜蜂的70~80倍。壁蜂属独栖性授粉昆虫，经人工集中做巢，可驯化为群聚性。一年中除花期35~45天访花采粉外，其余时间均在巢管里生长发育，不需要人工喂养，投资少,管理技术简单。

3. 高接授粉品种

在无授粉树和授粉树不足的苹果园，可用高接授粉品种的方法解决。对1~3年生果园，按隔行（或隔双行）、隔双株，进行整株改接授粉品种。而对4年生以上的果园，可采用每株或隔株，只在树冠顶部改接2~3个主枝（或大辅养枝）为授粉品种。保证全园的授粉树或授粉品种的大枝占全园植株或大枝的15%~20%为准。

4. 人工授粉

（1）花粉的采集

人工辅助授粉所用的花粉，多在授粉前三天结合疏花采集授粉树上含苞待放（即气球期）的花朵。先将采下的花朵清除花梗、花瓣等杂物，只留花药。然后置于25℃~30℃的条件下，摊开在干净的白纸上，待花药开裂后再用60目的细筛过筛，收集纯花粉，放到0℃~5℃的干燥条件下保存备用。

一般100克鲜花朵，可以取得2~3克纯花粉。结果树亩需花粉约15克以上，

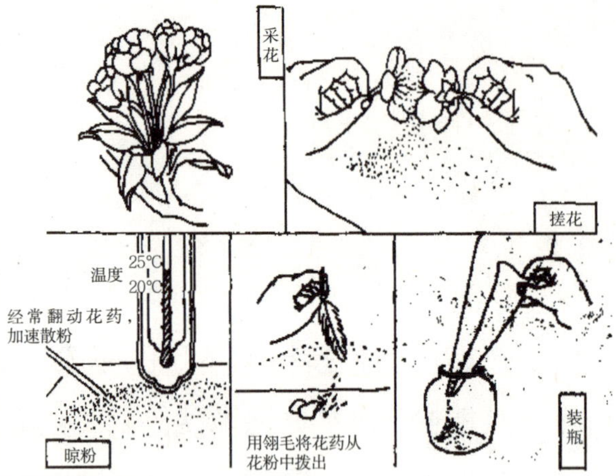

采集花粉

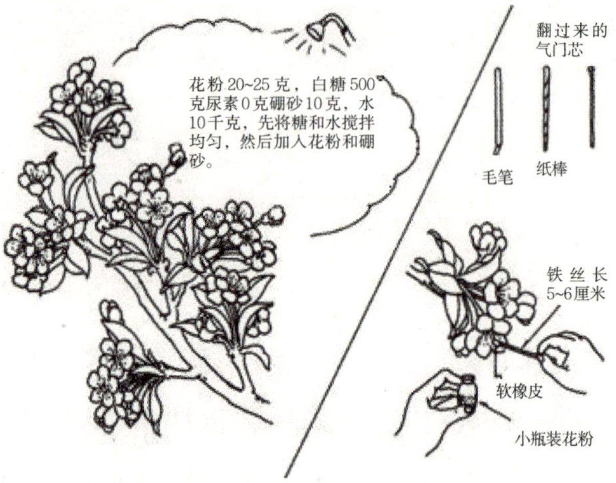

液体授粉和人工授粉

依次收集花粉，保证授粉。

（2）适宜授粉的时期

多在开花4~48小时内授粉，以花朵开放4小时以内授粉效果最好。一般应在花朵开放后2~3天内完成授粉为宜。

（3）授粉方法

①人工点授：将采集的新鲜花粉加5~8倍的滑石粉，装到干燥的小瓶内，挂在左手指上，右手拿毛笔蘸花粉，轻轻点抹花朵柱头。每蘸一次花粉可点授3~5朵花。以点授要保留的中心花为主。授粉多在晴天上午10点到下午4点进行最好。

②喷粉授粉：1份花粉加100份滑石粉混合均匀。用喷粉器授粉，在晴天清晨露水未干前站在上风处喷花粉到树冠上。一般在盛花期喷两次效果最佳。但喷粉后若遇雨需要补喷。

③液体授粉：a.花粉液的配制：按花粉1份，蔗糖2份，硼砂1份，水36份的比例配制。先将蔗糖和硼砂用少量温水混合溶解，再加花粉充分搅拌。然后逐渐加水配成40倍的原液，用时稀释后喷花授粉。b.授粉的时期及方法：一般在苹果树上60%左右的花已开放时喷花粉液最好。或在初花期和盛花期分别喷2000~12000倍花粉悬浮液。

④震动授粉：用一份纯花粉加100份滑石粉，经充分混合后装于由两层纱布缝成的袋内（或直接装入纯花粉），再将花粉袋拴在3米左右长的竹竿顶端，站到树冠的上风处，轻轻拍打竹竿，使花粉从袋内散出落到花上授粉。此法最适于矮化密植园应用。

⑤诱蜂授粉：在授粉树不足的果园

里，于花期用12千克水加30克蜂蜜或白砂糖50克配成混合液喷花。对大果园，可进行放蜂，在花前2~3天将蜂箱放入园中，每5~10亩放一箱（蜜蜂采蜜距离200米左右）。

5.喷生长调节剂和微量元素

花期喷两次0.3%的硼砂混加0.3%的尿素，花后喷50~100微克/克的细胞分裂素。果园花期喷硼浓度为0.2%~0.3%，一般在50%的花朵开放时喷布，可以与糖混合喷施。

6.预防花期冻害

为预防花期受晚霜冻害，在晚霜多发地区，可根据具体情况选择采取以下措施：

（1）选择适当位置建园：一般地势低洼、闭合谷地容易积累冷空气，造成冻害；而在山梁丘陵、倾斜地和阳坡地栽树，空气流通，冻害概率少。晚霜多发地区，应选择背风向阳的南向或东南向建园，以减少或避免冬天寒冷空气的直接侵袭。

（2）营建果园防护林：防护林既能有效防风，也能在早春提高低温、防止霜冻。营建果园防护林也是预防花期冻害的措施之一。

（3）增强树势：同样环境下，由于管理水平不同，树势强弱也不同。树势强，受冻较轻；树势弱，受冻较重。培养健壮树体，也是预防冻害的措施之一。

（4）春季灌水：发芽后至开花前再灌水1~2次，一般可延迟开花2~3天。而在冻害前灌水又可提高地温和树温，可预防和减轻冻害。晚霜期间如有条件可采取喷灌，喷灌强度应为每小时洒在地面上的水深5毫米/小时。

（5）延迟开花期：在晚霜多发地区，发芽期树冠喷滑石粉200倍液反射日光降温，可延迟花期2天，以利躲避晚霜危害。

（6）果园熏烟：在花期，当凌晨3时气温降至-1℃时采取果园熏烟，用作物秸秆和草类等物干湿交互成层堆积，点火后适当压土，使其不起火而烟雾漫布全园，每150米^{2}果园用3个烟堆，每个烟堆的直径约1.5米、高约1米，烟堆应设在微风的上风处，无风时则均匀分布，熏烟能使园内气温提高2℃~3℃，可减轻或防止霜害。

（7）枝干涂白：可推迟萌芽开花3~5天，树干涂高1米以上，下部主枝涂30厘米以上，成龄树涂前要刮除老翘皮，尤其是树杈部位要重点涂抹。涂白不但能防冻，而且还能有效防止日灼、病虫危害。

其配方为：生石灰8~10份、水20份、石硫合剂原液1份、食盐1份、食用油0.1~0.2份。配制时，先分别用1/2的水化开石灰和食盐，然后加入石硫合剂、油、面粉，充分搅拌均匀即可。

（8）药剂防冻：萌芽前全树喷布萘乙酸钾盐（浓度250~500毫克/千克）溶液或顺丁烯二酸酰肼、马来酰肼0.1%~0.2%溶液，可抑制芽的萌动，推迟花期3~5天。萌芽初期喷0.5%氯化钙后，可延迟花期5天。

（9）喷布肥料：在霜冻发生前1~2天，对正在开花或谢花的果树喷布磷酸二氢钾，可提高花器、幼果及枝条的细胞液浓度，增强抗冻能力，同时兼有施肥的作用。盛花期用100千克清水加0.8千克11%的硼砂，再加0.4千克46%的尿素配成硼砂尿素混合液喷布，对晚霜冻害可以起到一定的缓解作用。对受冻害较轻的花进行1~2次授粉。

（10）利用腋花芽结果：腋花芽属第三批花，一般比顶花晚开花2~4天，在顶花芽受冻害时，利用腋花芽也可弥补部分产量。

（11）使用果园防霜机：果园防霜机能有效防御果园霜冻。防霜机开启后，作用区内湿度减小，减少露水形成，能阻止霜的形成，达到防霜的目的。逆温条件下，近地温度升温1.5℃。一台大型防霜机能覆盖30亩果园，小型防霜机能覆盖8~12亩果园。利用“逆温现象”，对果园上方空气进行物理扰动，混合小环境内上下层空气，促进冷暖空气对流，提升果园树蓬面温度，能够起到良好的防霜防冻效

果园熏烟

果。

7.挂花罐或挂花枝

挂花罐，也是对缺乏授粉品种的一种补救办法。适合在小面积果园和庭院果树上采用。做法是在初花期，剪取授粉品种的花枝，插在瓶、罐的水中，再挂在需要授粉的树上。从初花期到盛花期，连续挂两次，授粉效果良好，坐果率明显提高。

8.环剥、摘心

花期对枝组或枝干进行环剥都可以抑制生长，节省营养，使剥口以上积累较多的碳水化合物以供幼果生长发育，提高坐果率。如对盛果期的祝光、红星和密植栽培的4年生金冠，进行花期树干环剥，坐果率可提高40%~90%。

早期摘心，即花后当苹果新梢生长10厘米左右时（5月上旬），对果台副梢和旺梢进行摘心，能控制其旺长，减少对其幼果争夺营养的能力，促进坐果，提高坐果率。

树干涂白

果园防霜机

疏花疏果技术

1. 疏花疏果的具体指标

（1）枝果比法

一般三个以上的当年生枝留一个果，即枝果比为3：1。

（2）距离法

是按每隔20~25厘米留一个果的留果方法。在以花定果的情况下，在蕾期至花期按20~25厘米的距离留一个花序，其余的花序全部疏除。

2. 疏花疏果适期

（1）疏花适期

无晚霜危害的地区，从花序分离期开始，以尽早完成疏除为好。有晚霜冻害的地区，不能以花定果。花期只疏部分过多的花序或不疏花，而且还应采取喷氮肥、微量元素以及放蜂等保花保果措施。到谢花后半月左右开始疏果，控制结果量。

（2）疏果适期

在气温较稳定的地区，谢花两周后开始疏果，要求在一个月以内完成。有晚霜冻害的地区，疏果要分两次完成。花后半月进行第一次，生理落果后再进行疏果定果。

3. 疏花疏果的方法

（1）花前复剪

花前复剪，多在春季气温相对稳定后，花、叶芽可分辨的时期进行。到花芽膨大前结束。

枝果比法

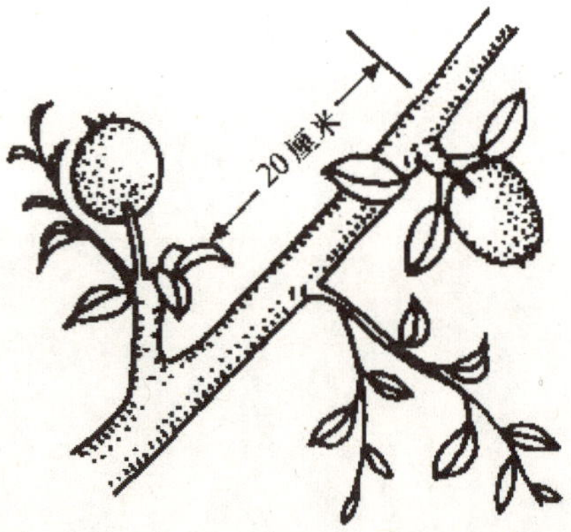

距离法

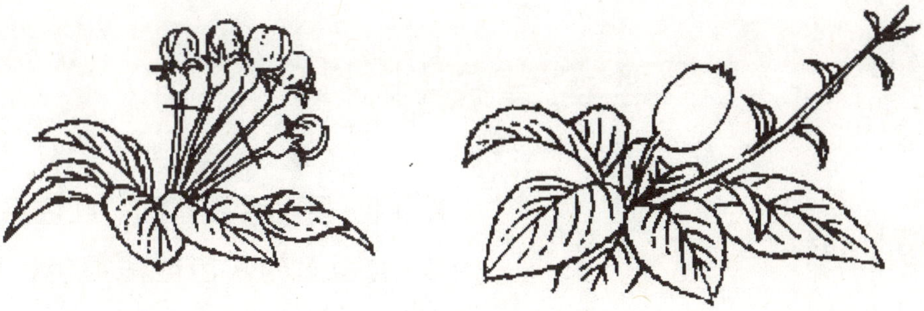

苹果疏花

(2) 疏花的方法

无晚霜冻害的果园，以疏花序为主，先将过多的和弱小花序疏除，但要适当多留。对专用的授粉树多不疏花。坐果率低的品种，以疏单花为主，还要注意多留花。

一般应先疏除弱花序、病虫危害的花、叶片少的细弱果枝花以及背上枝和腋花芽上的大部分花序。同时疏除过密的花序以及晚开的花，疏单花应注意留中心花。对花期早以及早熟的品种应先疏；花期晚及晚熟品种应晚疏。但在疏花中，应按计划产量多留20%~30%花，到疏果、定果时再加以调整以保证产量。

(3) 疏果定果

苹果优质丰产栽培，要求亩产多控制在2000~2500千克。根据这个限产目标；多采用以树定产，以产定量（个），分枝负担，均匀分布。

在具体疏果中，结果枝组或辅养枝都是沿其枝轴，按不同品种留果。如嘎拉、元帅等每隔15~20厘米留一果；富士以25厘米以上的间距留果；而秦冠、乔纳金等都按25厘米左右的距离留一个果。应疏除小果、畸形果、表面粗糙的幼果以及双果中多数边果和直立枝、果台下少于六片叶的短果枝上的果及腋花芽果。一般细弱枝上多不留果。选留果形正、果柄粗、果肩平萼洼向下的幼果。要求留中心果，以留单果为主。

疏病虫果，疏畸形果，疏小果。

留单果时，疏边果，留中心果，用于红富士等大型果品种。

留双果时，疏中心果留边果，有晚霜危害的果园或果柄短的品种适用。

疏果定果

果实套袋技术

1. 套袋时期

早熟品种以及为了提高果实的含矿量和不易发生果锈的红色品种均适宜晚套袋。易发生果锈的黄色品种和为提高果实的外观品质及套袋效果，应相对早套袋。

另外为了预防果锈，应避开在果锈果易发生的幼果茸毛脱落期套袋，故黄色品种应在谢花后10~40天内先套小纸袋以防发生果锈，到花后40天左右再换套标准果袋。

有些果园康氏粉蚧发生严重。若套袋，应在康氏粉蚧一代若虫发生后的5月上中旬进行。

多在花后40~50天，避开高温时候和下雨天及有露水时套袋，最好能10天左右完成。

2. 套袋前的准备

（1）果袋的选择

要求是经过理化处理而成的透光、透气性能好，能防病虫、防果锈、防尘、防污染的果袋。并要有耐拉、耐雨淋、蜡纸层涂蜡均匀而蜡又薄，具抗老化、不退色的特点，且粘合要牢固。红色品种，多选用外层表面为灰色或浅褐色，里表为黑色，内层为蜡制红色的双层三色袋为好。

（2）补钙、喷杀虫杀菌剂

①补钙：澳美佳螯合钙1000倍，或糖醇钙1000倍液或重钙1500~2000倍液,在落花后7~12天至45天以内,套袋果在套袋前喷3~4次。

缺钙严重的果园，落花后地下追施两次益恩木中性全水溶调酸碱中微量元素功能肥（主要营养元素及含量：氧化钙18%，氧化镁10%，硫6%，氧化硅5%，锰50毫克/千克，硼40毫克/千克，锌28毫克/千克，铁20毫克/千克，铜25毫克/千克，钼30毫克/千克），每亩每次用量5千克，建议用水稀释300~500倍冲施。

②喷杀虫杀菌剂：套袋前的1~2天，最多不要超过3天喷80%大生M-45可湿性粉剂800倍液或多抗霉素可湿性粉剂1000倍液或10%世高水分散粒剂2500倍液加10%吡虫啉可湿性粉剂300倍液等杀菌杀虫剂。防止喷施对果皮有刺激或有污染的乳油制剂、铜制剂以及硫制剂、砷制剂，保证果面光洁。

（3）肥水管理

有条件的地方，在套袋前结合施磷、钾肥灌水一次。无灌溉条件的园地，必须做好保水工作，预防因缺水引起果面日灼。

3. 套袋方法

套袋前先将果袋置往潮湿处，经12~24小时后再用。或在套袋前，先将果袋口用清水浸湿后再用。

套袋时将果袋底部两角向内折拢，然后向袋内吹气，推果入袋，将果柄固定在袋口的缺口中，再将袋口两侧向缺口处折叠，最后把袋口上的铁丝折叠成“V”字形，使果袋固定在果柄上。注意扎紧袋口并勿伤果柄，让幼果悬于果袋内中心。

套袋时应注意两点，一是套袋时的用力方向始终向上，以免拉掉幼果；二是袋口要扎紧，以免纸袋让风吹掉。

4. 套袋后的管理

（1）病虫害防治

套袋后要定期检查袋内果实发育状况。有病虫危害要及时防治。如有斑点落叶病、白粉病、红蜘蛛、星毛虫等，可用菌立清、农抗120、绿色功夫、灭幼脲、扫螨净等药物防治。

（2）适时进行夏季修剪

6~8月份，及时剪除大枝背上无用的旺长枝和树冠外围的过密强枝，以及延长枝上的竞争枝。结合摘心控制保留的旺长枝。当台副梢长到25厘米，尚未停长时，留7~8片叶摘心，使树冠内的光照达到30%以上。

5. 除袋

（1）适时除袋

黄绿色品种，可以不除袋或在采收前5~7天除袋为宜。较难着色的红色品种，如富士，应在采前20~30天除袋，对一般品种多在采前10~20天除袋，早熟中熟品种宜晚，晚熟品种应早除袋。除袋一般选晴天上午8点到下午4点避开中午的高温期进行，有露水的清晨和下雨天不除袋。以利用阴天集中除袋为最好。

（2）除袋的方法

单层袋，先将果袋底部从中间撕开成伞状，防日灼伤果，5~7天后再全部除去。对双层袋应先除去外层袋，经3~5天后，再除去内层袋。除袋时遇干旱天气时，先适量灌水一次，再除袋以防日灼。

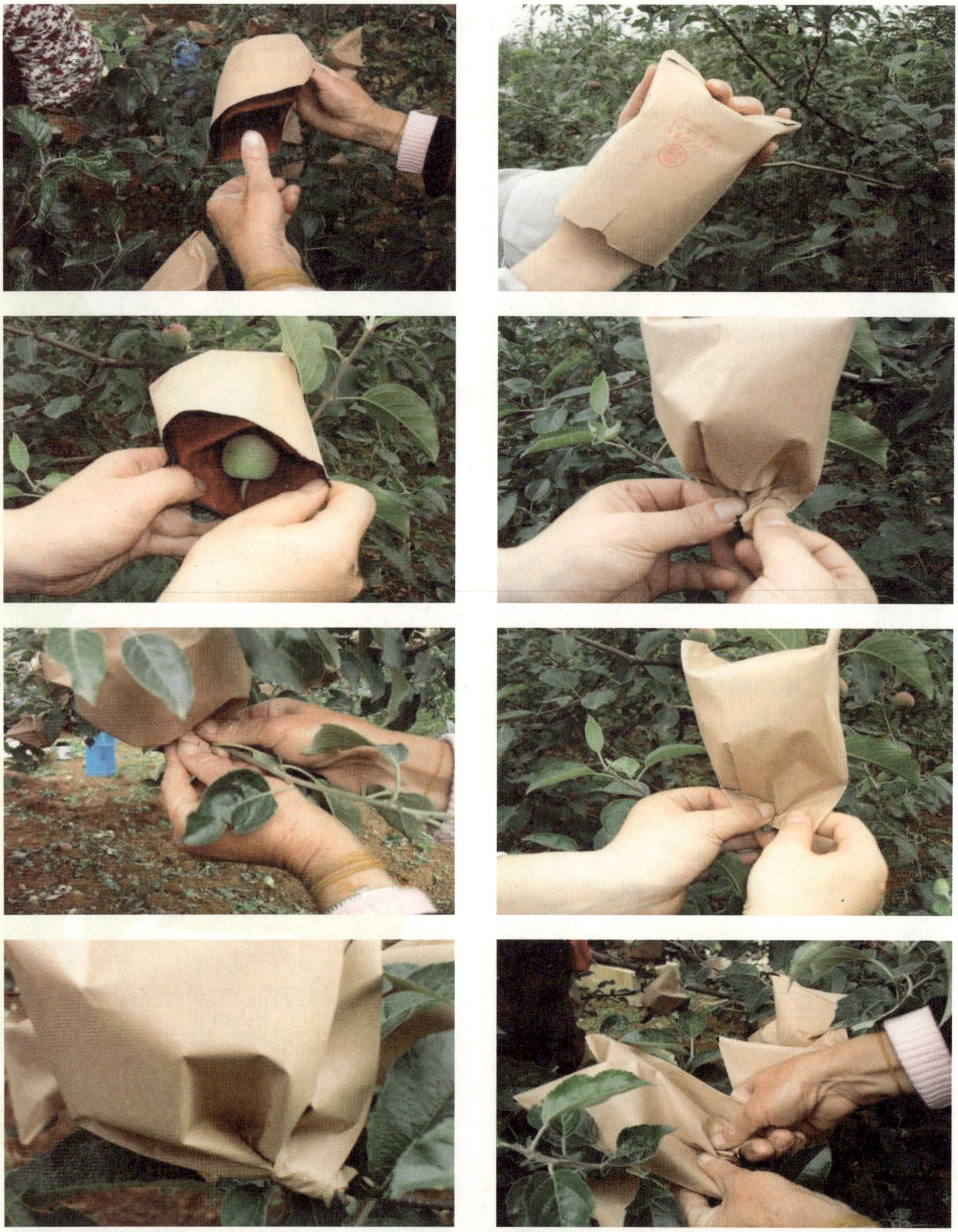

苹果果实套袋图解

喷施果形剂与防止采前落果技术

1.喷施果形剂

（1）药剂种类及使用浓度。可选用果美丰（天水师范学院科研成果）、宝丰灵、保美灵、果形宝等。因药剂种类不同而不同，选用果美丰或宝丰灵以300~400倍稀释液较为合理；其中山地果园、敏感品种选用400倍液，川地果园、不敏感品种选用300倍液。

（2）使用时间和次数。果形剂使用时间为盛花期，盛花期50%~75%的中心花开放时喷施效果较好。使用次数1~2次，敏感品种喷洒一次，不敏感品种喷洒2次。两次间隔时间1~3天。

2.防止采前落果

在采收成熟期前35~40天喷药即可，重点喷布结果部位、果柄、果洼、果萼及其果实附近的叶片。萘乙酸浓度为3000倍，用酒精少许溶解后配制。喷布时要选择晴天，喷洒要均匀，以保证喷药质量。两次重复处理的间隔时间为15天。

摘叶转果技术

1. 摘叶

于摘袋后3~5天要及时摘叶。大多数中晚熟红色品种，采前15~30天摘叶。密植果园条件下的晚熟红富士苹果，可在采前30~40天摘叶。容易着色的首红、银红、艳红等元帅系短枝型品种可在采果前10~15天。富士系晚熟品种果实着色相对缓慢，分两次摘，第一次摘叶在采前20~30天进行，主要摘除贴果叶，第二次摘叶主要在采前7~10天进行，主要摘除果实周围长枝上遮光叶片。

（1）全叶摘除：将遮挡果面的叶片以及果实附近的黄叶、小叶、薄叶等功能低的叶片从叶柄中间摘除，只留部分叶柄。

（2）摘叶程度：摘叶的程度因品种、树形及栽培方法而异。一般采果前的摘叶量为2%~5%。首红、新红星等短枝型红色品种果实遮光叶片需全部摘除，但摘叶量要在10%左右。红富士苹果可将靠近果实的叶片摘除，一般可占全树总叶量的20%~30%。

摘除贴果叶

2.转果

在果实阳面基本着色之后，大约采果前12~15天时一次转果。多次转果操作时，第一次转果在采前15~20天开始，然后每隔3~5天或不定期转果。左手握果枝，右手轻轻托住果实底部，使果实轻轻转动150° ~180° ，并与背光一侧的邻近枝条靠拢，以固定转果后果实的位置。元帅系短枝型苹果可采用两次转果的方法，第一次转果时使果实朝一个方向转动90° ~120° ，7~10天后再将果实朝相反方向转动180° ~200° 。

在果实着色期，每十天左右喷一次0.2%~0.3%的磷酸二氢钾或0.3%~0.4%的硫酸钾，可促进着色。果实着色时，若遇干旱天气，于傍晚或清晨喷清水增湿、降温，有利于果实着色。

铺反光膜技术

铺反光膜的时间为果实着色期（采收前30~40天）。铺密植园可在树行两侧各铺一长条反光膜，在稀植正方形栽植园，主要在树盘内和树冠投影的外缘铺大块反光膜。每个树冠下用三幅银色反光膜，每幅面积为1米^2，其中一幅用剪刀从中央裁为两个半幅。果实套袋树，在完全除袋和第一次摘叶后进行；果实未套袋树，在果实开始着色和适当摘叶后进行。顺树行在树冠下的两侧，各铺一幅；行内在树冠下的两侧，各铺半幅。反光膜的外缘与树冠的外缘对齐，反光膜的周边用砖石压实。普通反光膜不能拉得太紧，以免因气温降低反光膜冷缩而造成撕裂，影响反光膜的效果和使用寿命。

采果前收起反光膜，洗净擦干后保存，供翌年使用；每幅银色反光膜可用2~4年。

树下铺反光膜

苹果腐烂病防治技术

1.腐烂病危害

苹果腐烂病，俗称烂皮病、臭皮病，是苹果树最主要的病害。该病主要为害6年生以上的结果树，造成树势衰弱、枝干枯死、死树，甚至毁园。苹果腐烂病菌是弱寄生菌，凡是能够导致树势变弱的因素都能诱发苹果腐烂病。此病1年有两个扩展高峰期。即3~4月和8~9月，春季重于秋季。当树势健壮、营养条件好时，发病轻微。当树势衰弱，缺肥干旱，结果过多，冻害及红蜘蛛大发生后，则大发生。腐烂病有溃疡、枝枯和表面溃病3种类型。

2.“腐烂病”的防治

（1）应重视水土保持，增施肥料。增施有机肥，注意有机肥和氮磷钾肥的合理配合，避免偏施氮肥；合理灌溉，秋冬季枝干含水量过多易发生冻害，春季干旱，树皮含水量低，利于病斑扩展。因此要春灌秋控水。合理修剪、适量留果，控制大年留果量；防治落叶性病虫害，控制后期贪青徒长。其次增施钾肥可以显著降低腐烂病发病率。

（2）重刮皮。铲除树体潜伏的病斑和病菌，更新树皮使不形成落皮层，减少树

苹果腐烂病

苹果腐烂病

桥接

体带菌。一般5~7月果树愈伤快，也是刮皮最佳时期。将主干主枝侧枝及较大辅营养枝表面的粗皮刮干净，树皮刮去1厘米左右露出新鲜组织为止，刮后涂药保护。重刮皮后一定要及时施肥。衰弱树慎重处理，高寒地区晚秋不宜重刮皮。

（3）病斑要彻底刮除，做到“刮早，刮小，刮了”。春季发病高峰期病斑腥软，便于刮除，但要常年治疗，将发病斑彻底刮掉，并刮出边缘0.5~1厘米的健康组织；深达木质部的病斑是防止发病的关键。刮时刀口要光滑，不留死角，不留毛边，上面侧面刮成直边，下面刮成斜边，刮后涂药保护，药剂边缘超过病斑边缘1~2厘米。第一次涂药后10天补涂一次，1个月后再涂一次。常用药剂有：843康复剂、腐必清、波尔多液等。60%腐殖酸钠50~75倍。春季果树发芽前，全树喷洒腐必清100倍液，6、7月间再用相同药剂涂刷主干和大枝中下部一次，是药剂预防的关键。及时刮治病斑，早春结合刮老皮、翘皮将病斑刮净。刮治后的病疤至少在春夏两季涂药保护二次，防止复发。

（4）加强果园卫生。结合冬剪，清除死树枯枝和干桩枯枝，生长季节随时剪除病枯枝，及时烧毁，以降低果园内病菌密度。在主干、主枝伤疤较大的部位，要进行桥接或脚接，辅助恢复树势。

（5）做好疏花疏果，达到树体合理负载。

（6）药剂防治应着重抓住3月、6月、9月的关键时期。发芽前和落叶前全园喷布一次杀菌剂。铲除园内腐烂病菌，减少侵染源。可选择的药剂有过氧乙酸、好立克、菌立灭、树康灵、40%福星、25%丙环唑、40%信生等。

（7）桥接与脚接。病疤较大的树，为了恢复树势，可利用树干上的枝条或萌蘖枝进行桥接和脚接。

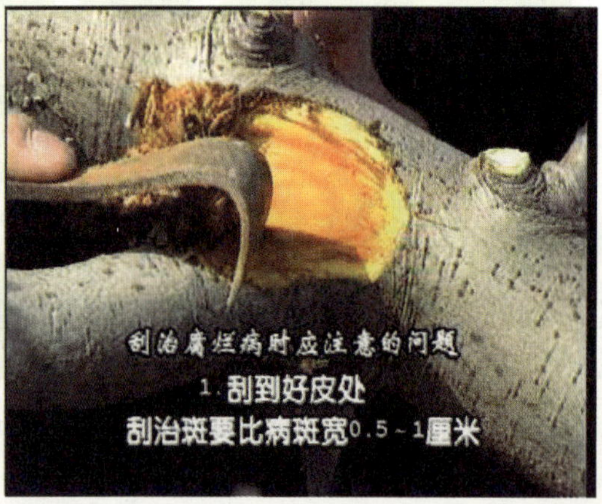

腐烂病刮治注意问题

苹果枝干轮纹病防治技术

1. 轮纹病发生规律

一年生病斑以皮孔为中心形成近圆形的褐色瘤状突起——“癞蛤蟆皮状小疙瘩”，直径3~20毫米，病斑边缘不开裂。二年生病斑中央病瘤逐渐扩大，周围逐渐凹陷，病健交界发生龟裂，病皮翘起。湿度大时病斑表面产生黑色的小粒点（分生孢子器或子囊壳）。在多年生的主干或枝干上，由于病斑相互愈合，常引起病皮严重开裂，十分粗糙，故又称粗皮病 。

2. 轮纹病防治方法

（1）清除菌源：休眠期结合修剪，剪除病虫枝，对主干、主枝上的病斑，及时刮除（轻刮皮）。

（2）枝干上发生的轮纹病，早春刮涂是最好的防治方法。轻刮轮纹病斑，用刮刀轻轻刮去隆起的瘤状病斑，刮至树皮附近时停止。刮后涂抹药剂，收集刮下的病皮组织。涂抹用药80%多菌灵粉剂或70%甲基托布津粉剂50~100倍或80%戊唑醇500~1000倍液。或用多米妙彩2000倍喷干枝。

（3）要防治轮纹病对果实的侵染，除套袋外，还应在套袋对果实喷2遍杀菌剂，药剂可以选择甲基托布津等具内吸作用的杀菌剂。

（4）不偏施氮肥，增施磷、钾肥，培育壮苗，以提高植株自身的抗病力。适量灌水，阴雨天或下午不宜浇水，预防冻害。

树干轮纹病

苹果干腐病防治技术

1. 干腐病危害

苹果干腐病主要为害主枝和侧枝，也可为害果实。枝干受害，有两种类型：

（1）溃疡型：发生在成株的主枝、侧枝或主干上。一般以皮孔为中心，形成暗红褐色圆形小斑，边缘色泽较深。病斑常数块乃至数十块聚生一起，病部皮层稍隆起，表皮易剥离，皮下组织较软，颜色较浅。病斑表面常湿润，并溢出茶褐色黏液。后期病部干缩凹陷，呈暗褐色，病部与健部之间裂开，表面密生黑色小粒点。潮湿时顶端溢出灰白色的团状物。

（2）干腐型：成株、幼树均可发生。成株：主枝发生较多。病斑多在阴面，尤其在遭受冻害的部位。初生淡紫色病斑，沿枝干纵向扩展，组织干枯，稍凹陷，较坚硬，表面粗糙，龟裂，病部与健部之间裂开，表面亦密生黑色小粒点。严重时亦可侵及形成层，使木质部变黑。幼树定植后、初于嫁接口或砧木剪口附近形成不整形紫褐色至黑褐色病斑，沿枝干逐渐向上（或向下）扩展，使幼树迅速枯死。以后病部失水，凹陷皱缩，表皮呈纸膜状剥

干腐病

离。病部表面亦密生黑色小粒点，散生或轮状排列。被害果实，初期果面产生黄褐色小点，逐渐扩大成同心轮纹状病斑。条件适宜时，病斑扩展很快，数天整果即可腐烂。

2. 干腐病防治

（1）剪除花果。凡是发病树一般长势都比较弱。对进入结果期的病株，可根据树势情况尽早部分或全部剪除树上花果，以减少树体营养消耗，有利树势恢复。

（2）刮除病斑。首先，刮开树的根部仔细进行检查，若发现有病根，应彻底剪除。其次，发生在枝干上的病斑，向四周扩带0.5厘米为皮进行剺除，刀口要平滑，皮层要切透。刮除病斑，适宜在果树生长期进行，这样有利于伤口愈合。

（3）伤口消毒。刮除枝子上的病斑后，可用大蒜对全部伤口反复擦抹，或用其他杀菌剂进行喷涂:第一次涂抹后，间隔10天再进行一次即可。

（4）药液灌根。对根部染病的树，一经剪除病根后，可用药水比例为1∶250的双效灵和7∶100的高锰酸钾进行土壤浇灌。一般成龄树每株浇灌药液60千克为宜。灌根时间，全年进行两次最佳，即3月下旬到4月上旬一次，7月下旬到8月上旬一次。

（5）配施土肥。灌后回填土时，每株树应结合施入5千克草木灰或其他适量优质土肥，将土、肥调和均匀回填耙平，以利养根，促进营养根生长。

苹果早期落叶病和褐斑病防治技术

早期落叶病是引起苹果叶片提前脱落的真菌性病害。主要有褐斑病、圆斑病、灰斑病、轮斑病与斑点病，以褐斑病和斑点病最重要。

1. 苹果斑点落叶病

苹果斑点落叶病又称褐纹病，主要为害叶片，还可为害叶柄、一年生枝条和果实。元帅系品种易患病。

（1）发病症状

叶片染病初期出现褐色圆点，其后逐渐扩大为红褐色，边缘紫褐色，病部中央常具一深色小点或同心轮纹。夏、秋季高温高湿，病菌繁殖量大，一片病叶上常有

苹果斑点落叶病

病斑10~20个，多斑融合成不规则大斑，叶即穿孔或破碎，生长停滞，枯焦脱落。幼果出现1~2毫米的小圆斑，有红晕，后期变黑褐色小点或成疮痂状。

（2）防治要点

①苹果春梢速长期连续喷药三次，用药间隔期为10天左右。主要使用的保护性杀菌剂有：2%宁南霉素700倍、30%代森锰锌悬浮剂800倍、10%多抗霉素1000倍、80%代森锰锌600倍液等。在出现病斑后用治疗性杀菌剂，主要有：丽致1000倍、25%金力士5000倍，8%果优宝400倍，或43%戊唑醇3000倍、10%宝丽安、80%大生M-45、70%安泰生、10%的多氧霉素、3%多抗霉素等。

②冬季清园。清理果园内所用落叶和病枝，减少初始菌源。

③改善果园通风透光，减少病菌侵染的率。

2. 苹果褐斑病

6月下旬至7月上旬发病急剧增加，7月下旬至8月份是田间发病高峰期。

防治要点有：

①苹果褐斑病防治的关键是雨季来临后的6、7、8月选用耐雨水冲刷、残效期长的药剂保护叶片，防止病菌侵染。

②农业措施防治。增施有机肥，配合使用微量元素（如斯德考普）和土壤调理剂（桂盖美加、免深耕、蓝得土壤调理剂）、益恩木复合微生物菌剂、木美土里等菌肥和生草覆草改良土壤，促使根系平衡，吸收营养。进行配方施肥，增补大量和中、微量元素。清除残叶，清扫落叶，开沟深埋病叶，减少病源。喷布植物保护膜，也能预防此病。改善果园通风透光，减少病菌侵染的概率。

③防治褐斑病的有效药剂种类较多，可选用的药剂有：丽致1000倍，70%甲基硫菌灵800倍，或金力士（原装进口丙环唑）5000倍，或25%丙环唑5000倍，赚实（原装进口戊菌唑），或43%戊唑醇3000倍液，氟硅唑（稳歼菌、福星）和咪鲜胺。1：1：2：200锌铜波尔多液、27.12%铜高尚1000倍、80%必备600倍、25%菌斑净800倍、12.5%欧博3000倍、70%果施安、61%花麦特、70%多锰、10%世高、70%甲基托布津1200~1500倍等。套袋前保护性杀菌剂选含量80%以上的代森锰锌（如邦佳威）。

④如褐斑病已经发生，可用柔水通3000~40000倍+25%金力士5000倍+70%丽致1000倍，或果优宝400倍+斯德考普6000倍+胺鲜脂1500倍，或芸苔素内脂1500倍混合液喷雾，可迅速控制病情发展，保叶护果。

苹果褐斑病

苹果炭疽病的防治技术

1.发病症状

炭疽病又称苦腐病，主要为害果实，果面出现褐色圆形略凹陷的病斑，病斑腐烂部呈圆锥状，果肉褐色，味苦。后期病斑中部出现同心轮纹状排列的黑色小粒点(分生孢子盘)，遇雨或天气潮湿时，溢出绯红色黏质团(分生孢子团)。单个果实上可形成几个或几十个病斑，致全果腐烂，烂果失水干缩变成黑色僵果，脱落或悬挂在枝头经久不落。

2.防治方法

苹果炭疽病的综合防治，在增强树势，提高抗病力的基础上，清除病源是防治关键。

（1）冬季结合修剪，清除僵果，剪除枯、伤枝条，果台，切断初侵染源。不用刺槐为防护林。生长季节改善果园通风透光条件，发现病果及时摘除深埋。

（2）药剂防治，苹果发芽前喷波美5度石硫合剂混200倍五氯酚钠。田间孢子开始传播起，交替喷布200倍石灰多量式波尔多液和50%退菌特600倍，或70%炭疽福美500倍，或50%敌菌灵600倍，或50%硫悬浮剂400倍。半月一次，连续3~4次。

（3）从幼果期(5月下旬前后)开始，每隔15天左右喷药一次，药剂可用波尔多液、三唑酮、多菌灵等。

苹果霉心病防治技术

霉心病又称心腐病、果腐病。导致落果、烂果，是当前苹果生产上的重要病害之一。

防治要点

（1）花期喷洒杀菌剂。初花期、盛花期、落花15天以内是药剂防治苹果霉心病的关键时期。可选用的药剂有：8%果优宝（果康宝的升级换代产品）300~400倍、多抗霉素1000倍、农抗120、扑菌灵悬浮剂800~1000倍+1.8%阿维菌素4000~5000倍、10%的宝丽安可湿性粉剂1500倍。1%多氧清水剂200倍80%大生M-45可湿性粉剂、68.75%杜邦易保水分散性粒剂等均可预防苹果霉心病的侵染与发生。

（2）培育高桩且萼筒闭合的果实可减轻发病，合理使用果形剂。

（3）适时采收，采后及时入低温（<6 ℃）条件贮藏。

（4）花末(落花期)霉心病严重园。

霉心病

苹果红点病、黑点病防治技术

黑红点病，由粉红聚端孢菌和粉红单端孢菌所致，形成套袋果实黑点病。这两种病在用药不科学或喷不到位的区域经常发生。另外个别果园梨圆蚧为害出现红点，缺钙果树发生红点，绿盲蝽、康氏粉蚧受害果，也发生各种斑点。

防治要点

（1）农业防治。增施益恩木等有机肥，使用土壤调理剂（桂盖美加、沃田甲、免深耕、蓝得土壤调理剂）、益恩木多效微生态制剂等菌肥和生草覆草改良土壤。进行配方施肥，控氮、稳磷、补钾、增加中、微量元素，地下施硅钙镁钾肥，叶面喷锐牌有机钾、锐诺EDTA钙、高能红钾等。

（2）化学防治与安全规范喷药。幼果期用药做到“六要三不”，套袋前要用细孔喷头喷雾；各种农药要二次稀释；喷雾器压力要足；雾化要细；喷头要朝上，果叶都均匀着药；喷头离幼果30厘米以上。药剂不用铜制剂、硫磺等复配类型；尽量不用乳油农药；不用劣质的可湿性粉剂；不用柴、机油混配乳油等杀虫剂；避免使用含有重金属的微量元素肥料，必要时选用螯合态微量元素肥料（如斯德考普）。

（3）正确选择套袋前药剂、套袋前三次药。根据本果园病虫情况正确选择保护剂、治疗剂、杀螨剂、杀虫剂、钙肥，既要把各种病虫严格控制，又要减少用药品种。

（4）套袋前10~15天，喷代森联（品润）+3%啶虫脒。套袋时用扑菌灵，多菌灵，丽致（原装进口甲基硫菌灵）或甲基托布津+代森联、金力士（原装进口丙环唑）。

黑点病

红点病

苹果白粉病防治技术

防治方法

采取剪除越冬病芽、摘除初次侵染的病梢和适时的药剂防治相结合的措施。

（1）冬剪时要彻底剪除病梢，春、夏季仔细检查，发现病梢（枝）及时剪除，病梢（枝）要集中烧毁或深埋。

（2）合理密植，改善通风透光条件，适当控制氮肥施用量，注意氮、磷、钾配合，增施磷、钾肥。

（3）药剂防治：苹果树发芽前喷波美3~5度石硫合剂，花前及花后各喷一次杀菌剂，有些地区6月再喷一次，开花前喷波美0.5度石硫合剂或50%硫磺胶悬剂150倍液。在苹果开花前和落花70%时各喷一次15%粉锈宁可湿性粉剂1000~1500倍液。也可选用甲基托布津、多菌灵、苯来特、己唑醇、退菌特等药剂进行防治。

白粉病

苹果锈病防治技术

防治方法

（1）清除转主寄生，彻底砍除桧柏等树木，中断锈病的侵染循环。

（2）铲除越冬病菌

若桧柏不能砍除时，则应在桧柏上喷药，铲除越冬病菌。春雨前在桧柏上喷1：1：150倍波尔多液。

（3）苹果树上喷药保护

展叶后，在瘿瘤上出现的深褐色舌状物未胶化之前喷第一次药。在第一次喷药后，如遇降雨，则雨后要立即喷第二次药，隔10天后喷第三次药，共喷2~3次。杀菌剂常用20%三唑酮乳油2000倍液、75% 12.5% 烯唑醇、12.5% 睛菌唑、40%福星乳油7500倍液。

苹果锈病

苹果黑星病防治技术

防治方法

（1）加强检疫，严禁从病区向无病区携带苗木、接穗和果实。

（2）搞好冬季清园，结合施肥深埋。发芽前地面喷洒0.5%二硝基邻甲酚钠，休眠期对树冠喷5波美度石硫合剂。发病初期摘除病梢或病花丛。

（3）根据天气预报，降雨量在80毫米以上需喷药，用40%福星乳油100倍，50%扑海因100~1500倍液，80%大生M－45 800倍液每次相隔15~20天，70%甲托超微效可湿粉剂100倍液，64%杀毒矾400~600倍液，40%乙磷铝300倍等。注意药剂的轮换使用。

苹果黑星病为害状

苹果病毒病防治技术

苹果病毒病是由病毒寄生引起的病害。通常把苹果病毒分为潜隐性病毒和非潜隐性病毒两大类。中国主要有苹果花叶病毒、苹果绿皱果病毒和苹果锈果类病毒三类非潜隐性病毒，苹果褪绿叶斑病毒、苹果茎沟病毒和苹果茎痘病毒 三类潜隐性病毒。各苹果产区主要栽培品种的带毒株率在60%~80%。病毒病一旦带毒则终生带毒。

1. 苹果花叶病症状

苹果花叶病在大部分果园均有发生，是一种发生较普遍的病毒病。患病的树，一年生的枝条较健株短，节数少，果实不耐贮藏，易提早落叶。苹果花叶病毒主要靠嫁接传染，通过接穗或砧木远距离传播。光照较强、土壤干旱及树势衰弱，有利于症状显现，所以症状表现时轻时重，有时出现隐症现象。

2. 病毒病防治方法

（1）培育无病苗木，选用无病接穗和砧木。利用弱毒株系干扰病毒控制病害，即使弱毒株系没有遍及全株，也有防治效果。发现病苗及时拔除烧毁，以防传播。

（2）对感病的成年大树，要加强肥水管理，增强树势，减轻花叶病发展。地下多点穴施益恩木复合微生物菌剂，或木美土里生物菌肥4~5千克/株+沃田甲，或桂盖美加土壤调理剂2~3千克/株，或穴灌益恩木多效复合微生态制剂300倍+生化黄腐酸钾300~400倍混合液。再用：%宁南霉素150倍+益恩木多肽氨基酸300倍+斯德考普6000倍+胺鲜脂2000倍，或芸苔素内脂2000倍混合液树上喷2~3次，控制病害蔓延。

苹果花叶病毒病

苹果缺铁黄化症

苹果茎沟病毒病

苹果根癌病防治技术

1.发病症状

主要发生在根茎部，有时也发生在侧根上。苗木上的癌瘤绝大多数发生在接穗与砧木的愈合部分。初发病时，为灰色至淡褐色小瘤，表面粗糙不平，内部组织松软，肉质。癌瘤增生长大，外层细胞枯死变暗褐色，内部细胞木质化。癌瘤大小不一。病株生长缓慢，树势衰弱，矮小，严重时叶片黄化，早衰。

2.防治方法

（1）用芽接法育苗，育苗圃及时防治地老虎、蝼蛄等地下害虫，减少虫伤。

（2）苗木出圃时进行严格检查，发现病苗立即销毁。对可疑苗木进行根系消毒，可用1%硫酸铜液浸渍10分钟，或0.01%~0.02%链霉素浸20~30分钟，用水冲净再定植。根癌病多发地区，定植建园时用放射土壤杆菌84号浸根，对预防该病也有效。

（3）治疗病树：扒开根颈部土壤，把病瘤切掉刮净，然后用“抗菌剂401”50倍液或“抗菌剂402”100倍液消毒，再用石硫合剂渣子保护，也可以用二硝基邻甲酚钠20份、木醇80份混合后除瘤。

苹果根腐病防治技术

圆斑根腐病是分布较广，为害最重的一种烂根病。在局部地区果园发生严重。

1. 发病症状

须根基部形成红褐色圆斑，病斑可达木质部，并向上蔓延到大根，使整段根变黑腐烂、枯死。

2. 防治方法

（1）增施有机肥、钾肥或适当种植绿肥，可防止烂根，促进新根生长，应及时灌水，控制结果量。

（2）加强早期落叶病、腐烂病的防治。

（3）晾根，将病树根茎周围的土壤扒开，使根系暴露在外，晾晒10余天。

（4）及时刮除病斑后用1%硫酸铜消毒，并灌五氯酚钠水剂250~300倍或70%甲基托布津500~1000倍、50%苯来特1000~2000倍、50%退菌特250~300倍、硫酸铜100倍液、40%甲醛100倍液。每株10~15千克，灌后覆土。

苹果根腐病

苹果苦痘病防治技术

苹果苦痘病又称苦陷病，是在苹果成熟期和贮藏期常发生的一种生理病害。

1. 发病症状

能使病果皮下果肉首先变褐，干缩成海绵状，逐渐在果面上出现圆形稍凹陷的变色斑，病斑在黄色或绿色品种上为暗绿色，在红色品种上为暗红色。后期病的部位果肉干缩，表皮坏死，会显现出凹陷的褐斑，病部位取之，口尝有苦味。

苹果苦痘病

2. 防治方法

（1）增施有机肥：多施有机肥，防止偏施和晚施氮肥，注意雨季及时排水，合理灌水。

（2）增施钙肥：常年病重果园，可在果实生长中、后期喷布氨基态螯合钙，每隔20天喷1次，共喷3~4次。气温高时要防止烧叶。最好是采用秋施基肥时增施骨粉及增加有机质，又补充了钙，叶面喷铵基酸钙效果较好，喷洒时间在花芽分化后1~4周，可喷2~3次。

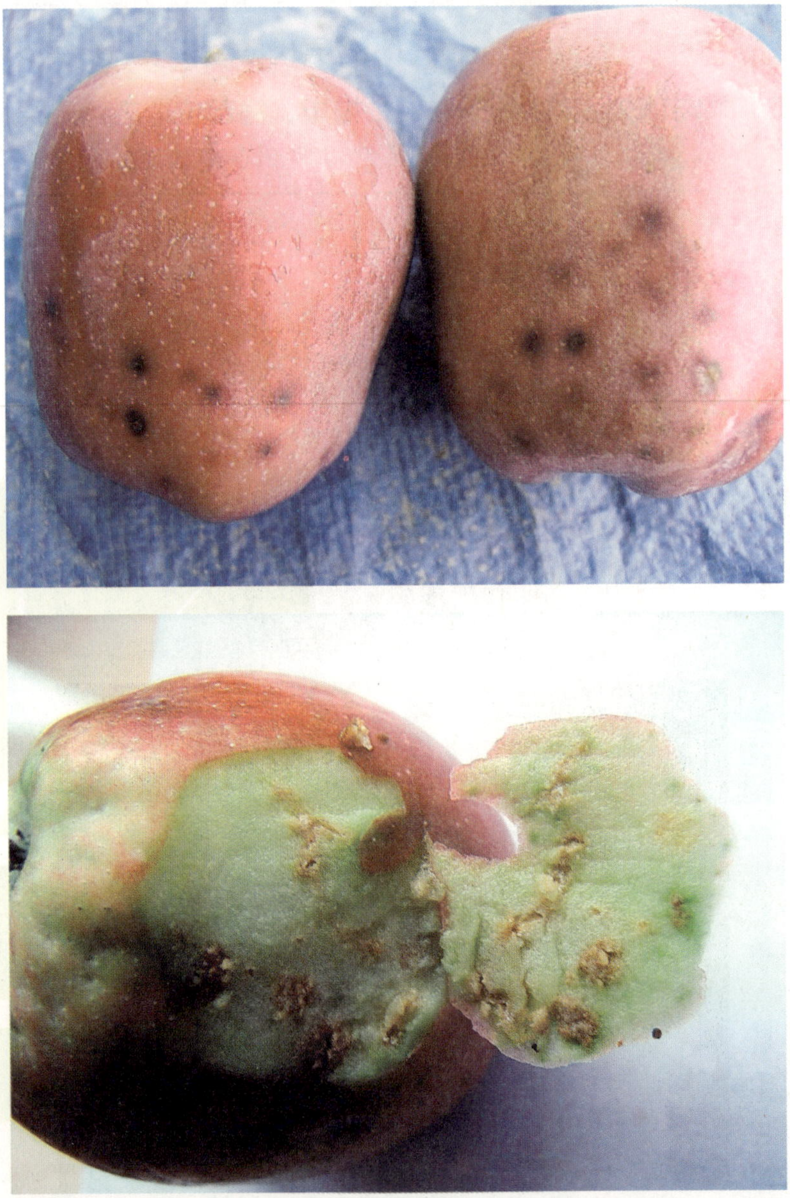

苹果苦痘病

苹果水心病防治技术

苹果水心病又称糖化病、蜜果病。

1.发病症状

病果内部组织的细胞间隙充满细胞液而呈水渍状，病部果肉的质地较坚硬而呈半透明状。以果心及其附近较多，但也有发生于果实维管束四周和果肉的其他部位的。轻病果的外表不易识别，必须剖开后才见到病变，重病果的水渍状斑一直扩展到果面。病果由于细胞间隙充水而比重大，病组织含酸量特别是苹果酸的含量较低，并有醇的累积，味稍甜，同时略带酒味。贮藏期病组织腐败褐变。

2.防治方法

（1）增施钙肥，避免单施铵态氮肥。花后至套袋前4~6周是防治水心病的关键时期，此期连喷三次优质高效钙肥，以及采收前8周和10周，对果面喷布螯合钙、糖醇钙，可预防水心病发生。

（2）改土和增肥：改良土壤，增施有机质肥料，促进根系发育，有利增加钙素吸收，改善钾、钙比。

苹果水心病

（3）调整果实负载量：通过修剪和疏花、疏果，使枝果比维持在3~5：1，叶果比30~40：1的范围内。

（4）适期采收：根据果实的生长期确定采收适期。在中国的条件下，元帅系为盛花后142天±12.5天，夏季温度较高的地方，可以少于142天，较早采收；夏季温度较低的地方，可长于142天，采收期可适当晚一些。乔纳金可在盛花后160天左右采收，红富士则应在盛花后175天以上采收。对易发病品种适当提前采收。

苹果轮纹烂果病防治技术

1. 症状

枝干发病，以皮孔为中心形成暗褐色、水渍状或小溃疡斑，稍隆起呈疣状，圆形。后失水凹陷，边缘开裂翘起，扁圆形，直径达1厘米左右，青灰色。多个病斑密集，形成主干大枝树皮粗糙，故称“粗皮病”。斑上有稀疏小黑点。果实受害初以果点为中心出现浅褐色的圆形斑，后变褐扩大，呈深浅相间的同心轮纹状病斑，其外缘有明显的淡色水渍圈，界线不清晰。病斑扩展引起果实腐烂。烂果有酸腐气味，有时渗出褐色黏液。

2. 防治方法

(1)加强栽培管理　发现病株要及时铲除，以防扩大蔓延。幼树整形修剪时，切忌用病区的枝干作支柱，修剪下来的病残体，及时彻底清理出园，烧掉。

(2)刮除病瘤和铲除越冬菌源　早春和生长季节（5~7月份），对病树可实行刮皮，即用刮刀轻轻刮去隆起的瘤状病

苹果轮纹烂果病

斑，刮至树皮附近时则停止，刮后要涂抹药剂，并且要收集刮下的病皮组织。早春苹果树发芽前喷5%菌毒清水剂或农抗120水剂100倍液、1~2波美度石硫合剂，可铲除树体上的越冬菌源。

(3)喷药保护　从苹果落花后开始直到8月下旬，15~20天喷1次药。通常药剂有1：2~3：200~240波尔多液，80%喷克或大生M-45、70%代森锰锌可湿性粉剂600~800倍液，40%福星乳油6000~8000倍液，1.5%的多氧霉素可湿性粉剂（或5%菌毒清水剂、1%中生菌素水剂200~300倍液），1%中生菌素水剂300倍液和40%福星乳油10 000倍液（或80%喷克、大生M-45可湿性粉剂1000倍液）混用，有明显的增效作用，亦可用70%多菌灵可湿性粉剂600~800倍液。为避免病菌产生抗药性，以上药剂应交替使用。幼果期温度低、湿度大时，不要使用波尔多液，否则会引发锈果，尤其是金冠品种更为明显。另外，品种间抗病有差异，应加强对感病品种的防治。果品贮藏前，用仲丁胺200倍液浸果1分钟，可杀死轮纹病菌的孢子，防效达80%以上。

苹果缺素病防治技术

1. 缺铁

防治方法有：

①选用抗性强砧木：垂丝海棠耐盐碱性强。

②改良土壤：增施有机肥，种植绿肥，增加土壤有机质含量，改善土壤理化性状是防治黄叶病的根本措施。

③适当补充铁素：

把硫酸亚铁与有机肥混合施用，每亩20~50千克；或在苹果发芽前，用硫酸亚铁30~50倍液浸泡刻伤的侧根，每株灌施药液100千克；也可用罐头瓶装入硫酸亚铁250倍液0.5千克，每一方向找0.5厘米长的根插入瓶中，每株树用6个瓶。瓶口向上，埋入土中，待根部吸收24小时后，把瓶取出。此法省药，见效快。用光泰输液肥打吊瓶，效果显著。也可在果树新梢生长期连续喷洒3~4次0.3%~0.5%硫酸亚铁溶液或螯合铁或其他含铁元素的多功能叶面肥，可减轻或预防黄叶病的发生。

2. 缺钙

（1）症状：缺钙初期，根系短而粗。缺钙严重时，幼根逐渐枯死。叶片较小，

缺铁症状

在嫩叶上产生褪绿色至褐色坏死斑，严重时枯死或花萎缩。果实在近成熟期和运输期易发生斑点病、苦痘病和水心病等。氮肥过多，修剪过重，会加重缺钙症状。

（2）防治方法

①改良土壤，增施有机肥，促进氮、磷、钾、硼、锌、铜等元素稳定均衡供应。

②施钙喷钙：在砂质土壤园中喷施或穴施石膏、硝酸钙、多效生物钙肥或氧化钙。果面、叶面多次喷布钙剂。

③适度修剪，合理疏果，合理负载。

3. 缺锌

（1）发病规律

春季病枝发芽较晚，叶小而窄、簇生、淡黄绿或浓淡不匀，病枝节间短，严重时，叶片黄化、焦。易发生条件：沙地、盐碱地及瘠薄的山坡地果园，缺锌较为普遍。果树重茬或苗圃重茬，伤口多，修剪过重，易引起缺锌症。盲目施用磷肥，也会引起缺锌或加重缺锌。

（2）防治方法

①土施硫酸锌。增施有机肥，从根本上改善果树立地的土壤条件。与秋施基肥相结合，每株成年树施用0.5~1.0千克硫酸锌，施后第2年显效，肥效可持续3~5年。

②喷锌。对小叶病树，萌芽初喷1%硫酸锌；萌芽后喷0.3%~0.5%硫酸锌，15天喷1次，连喷3~4次；花后3周喷0.2%硫酸锌加0.3%尿素，且应加入0.2%的熟石灰水浸液，减免药害。

不同砧木表现

缺锌症状（左，健树叶梢，缺锌树叶梢）

苹果叶螨类虫害防治技术

为害果树的叶螨包括山楂叶螨、苹果全爪螨、二斑叶螨，山楂叶螨在各果区普遍发生，为害最重，二斑叶螨则是近年来蔓延的新害螨。

1. 山楂叶螨

山楂叶螨目前是中国北方落叶果树的主要害螨之一。严重受害树叶片提前脱落，不仅当年产量减少。质量下降，而且次年花序、花朵坐果率显著减少，减产更为严重。

药剂防治方法有：

（1）加强农业防治、生物防治。

（2）化学防治应把重点放在越冬雌成螨的上芽为害期集中阶段，可选择的药剂有哒螨灵、齐螨素、扫螨净，10%宝丽安1500倍+50%多菌灵800倍或70%甲基托布津800倍+50%扑海因1500倍等。

2. 苹果全爪螨

苹果全爪螨又称榆全爪螨、苹果叶螨。

防治方法有：

加强栽培管理，增施优质有机肥，减少氮肥，合理负载，可提高寄主的耐害性和补偿能力。

山楂叶螨

苹果全爪螨

①生物防治　果园种植绿肥植物，增加苹果全爪螨天敌种类和数量。

②药剂防治　在螨的越冬量大的果园，要做好花前或花后的防治。在生长季必须加强害螨与天敌的数量动态监测，严格按照经济阈值用药的同时，还要注意药剂的轮换使用。使用的药剂有怒狮-40%丁醚脲哒螨灵水悬浮剂、螨死净2000倍液、齐螨素5000倍液、虫敌特植物油溶剂3000倍液。

3. 二斑叶螨

（1）症状

又称白蜘蛛，轻度为害可使叶片出现许多白色斑驳，随着为害的加重，可使叶片变为灰白乃至青铜色。该螨在取食的同时，还释放毒素或生长调节物质，引起植物生长失衡，以至有些嫩叶呈现凹凸不平的被害状。

（2）防治方法

①冬季清园：冬季清除枯枝落叶杂草，集中烧毁，消灭越冬的叶螨。

②3月开始刮老皮，主刮骨干枝和枝杈的老翘皮，刮后及时喷涂5度石硫合剂或原液。

③春季清除树下发出的根蘖，及时铲除杂草，特别是阔叶杂草，并集中烧毁。

④生长季节药剂防治，主要用柔水通3000~40 000倍+5.5%阿维·三唑锡2000倍，或73%炔螨特3000倍，或四螨嗪三唑锡2500倍，或10%阿维·哒螨灵1500倍，或螺螨酯2000倍，如严重发生可再加12.5%噻螨·达螨灵1500倍液控制，防治红蜘蛛初期重点喷在果树内膛、叶背及地面杂草和有害螨的作物上，中后期则需要清楚靶标所在，即树冠外围的群集为害处。

⑤生物防治：叶螨的天敌有瓢虫、肉食蓟马、小花蝽、草蛉、捕食螨等，对抑制叶螨有重要意义。但天敌抗药性较差，一般全杀性药剂（如有机磷、菊酯类）易使其遭到杀害，应采取综合防治的方法，尽量提早防治，避开天敌大发生时用药，以便发挥天敌抑制害虫的作用，保持自然生态平衡。

二斑叶螨

苹果卷叶蛾类虫害防治技术

1.苹果小卷蛾

幼虫为害果树的芽、叶、花和果实。小幼虫常将嫩叶边缘卷曲，并吐丝缀合数叶。大幼虫将2~3张叶片缠在一起，卷成“饺子”状虫苞，并取食叶片成缺刻或网状。将叶片缀贴果上，啃食果皮，受害果实上被啃食出形状不规则的小坑洼。

防治方法有：

（1）消灭越冬幼虫：在果树休眠季节刮除剪锯口、老翘皮、粗皮，集中烧毁。

（2）摘除虫苞：于幼虫发生为害期间，人工摘除虫苞或将虫掐死。

（3）诱杀成虫：于成虫发生期间，在果园内挂性诱芯或糖醋液盆，诱杀成虫。

（4）药剂防治：在越冬幼虫出蛰期(4月上中旬)和各代幼虫孵化盛期进行药剂防治。可选用25%灭幼脲三号悬浮剂2000~2500倍液、30%灭蛾净乳油1000倍液。

图：苹果小卷蛾

2.顶梢卷叶蛾

中国果区发生普遍。果树寄主有苹果、梨、桃、花红、海棠、杜梨、山楂等。幼虫主要为害顶梢嫩叶，将几个叶片缠缀一起卷成疙瘩状。有时也为害花蕾、花朵和幼果。幼树和苗木受害重，影响幼树树冠扩大、苗木出圃规格。

防治方法有：

（1）人工防治　以人工防治为主。幼虫越冬部位集中在当年生新梢卷叶里和端部测芽旁。结合冬季果树剪枝、彻底剪除虫梢，集中烧毁，效果较好。发芽以后及时摘除虫梢，可大大压低虫口基数，减少第一代为害。

（2）药剂防治　发生严重的果园，可在第一、二代成虫产卵盛期，喷布3000倍尼索朗+40%乐斯本2000倍；摘除虫苞、病叶。结合防治卷叶虫、金纹细蛾喷

金纹细蛾

布25%灭幼脲3号2000倍。隔10~15天再喷1次，即可收到良好防治效果。

3. 金纹细蛾

防治方法有：

（1）人工防治　秋、冬季彻底清除落叶，压低越冬虫源基数。结合春季修剪，剪除树冠下早期萌发的山定子等砧木根蘖苗，减少越冬代成虫在其上产卵繁殖。在越冬代成虫羽化时，果园内设置一定数量的清水盆，可诱杀大量成虫。

（2）药剂防治　金纹细蛾的发生数量，随着代数逐渐上升，应注意前期防治。特别是在越冬代和第一代成虫羽化盛期，可选喷布25%灭幼脲3号胶悬剂3000~4000倍液，50%杀螟硫磷（杀螟松）乳油1000倍液等效果较好。因金纹细蛾的天敌种类非常丰富，对该虫的种群数量有着明显的抑制作用，实施药剂防治应尽量减少使用广谱性杀虫剂，注意保护和利用天敌的自控作用。

苹果蚜虫类虫害防治技术

1. 苹果瘤蚜

成、若蚜群集叶片、嫩芽吸食汁液，受害叶边缘向背面纵卷成条筒状。通常仅危害局部新梢，被害叶由两侧向背面纵卷，有时卷成绳状，叶片皱缩，瘤蚜在卷叶内危害，叶外表看不到瘤蚜，被害叶逐渐干枯。

防治方法有：

防治苹果瘤蚜的关键是在越冬卵孵化盛期喷药。

（1）苹果瘤蚜的卵孵化始期在4月初，4月中旬为孵化盛期，4月下旬孵化结束。

（2）施药种类　可选用10%宝丽安1500倍+50%多菌灵800倍或70%甲基托布津800倍+50%扑海因1500倍、氟硅唑+吡虫啉等。

2. 苹果黄蚜

被害叶片的叶尖向叶背横卷，影响新梢生长，严重时造成树势衰弱。

防治方法有：

在正常气候下，没有药剂干扰，蚜虫不致成灾。发生量较大时，到6月上中旬麦田瓢虫向果园转移，也可在短期内控制其为害。为害严重时，发芽前可用50%重柴油乳剂杀卵，花前花后用柔水通3000~40 000倍+20%安棉特（原装进口丁硫克百威）2000~3000倍，或20%

苹果黄蚜

苹果绵蚜

啶虫脒5000倍，或70%吡虫啉7000倍，或5%啶虫脒2000倍液树上喷雾。要特别注意保护其天敌，如多种瓢虫、食蚜蝇、草蛉、茧蜂和姬蜂。

3.苹果绵蚜

防治方法有：

（1）苹果树发芽前，全树喷布较高浓度的对蚜虫有较好防效的10%吡虫啉1000倍，或90%万灵1000倍或48%乐斯本1000倍。也可喷95%机油乳剂150倍。

（2）苹果树开花前后和盛花期（5~7月份）用万灵3000倍、氟硅唑+吡虫啉、吡虫啉1500倍、乐斯本1500、阿维菌素轮换喷布。

（3）9月份继续用上述药剂喷雾，压低越冬基数。

（4）药剂灌根　苹果树开花前，用50%辛硫磷1000倍或48%乐斯本1000~1500倍灌根。

金龟子防治技术

在果树花期，以成虫取食花蕾、花朵和嫩叶，发生严重时，将上述部分吃光。

防治方法

（1）利用成虫的假死性，于清晨或傍晚振树捕杀成虫。

（2）在成虫出土前，树下施药剂，可用毒死蜱处理一次地面。

（3）果树施有机肥时，捡拾幼虫和蛹或用上述药剂进行处理。

金龟子

梨小食心虫防治技术

梨小食心虫又称梨小蛀果蛾、东方果蠹蛾，简称“梨小”。世界性果树害虫。

1. 危害症状

幼虫蛀果时，多由近梗洼和萼洼处开始，直达果心，在果心附近蛀食果肉。早期为害梨树时，入果孔较大，外有虫粪，孔周围常变形腐烂，俗称“黑膏药”；晚期害果时入果孔很小，周围青绿色，稍凹陷，但果不变形。

梨小食心虫

2. 防治方法

（1）清除越冬虫源　冬季或春季果树发芽前，彻底刮除树上粗裂、翘皮，扫净树下落叶，集中烧毁。同时挖树盘翻压土，消灭越冬虫源。

（2）诱杀成虫　利用梨小食心虫性外激素诱芯和果醋液诱杀成虫。具体方法是于梨小食心虫成虫发生期，在果园里设置大口碗诱捕器，碗内加入果醋液，碗上悬挂梨小食心虫性外激素（含量200微克）

赤眼蜂防治

诱芯1枚，距液面1厘米。诱捕器吊挂于树阴处，距地面1.5米左右。每亩果园设2个诱捕器。每1~2天往碗里补充蒸发的果醋液，并取出碗里的成虫。

（3）摘除虫梢虫果　及时摘除虫梢、虫果，不但减轻桃、李树受害，还可以压低后期往苹果、梨上转移的虫量。摘虫梢时要摘新萎蔫的虫梢，一般每周进行1次。

（4）释放赤眼蜂防治　在2~3代成虫产卵期各释放松毛虫赤眼蜂来防治梨小食心虫4次，第4代再放蜂2次，总计放蜂10次，每次每亩放蜂量2.1万头。放蜂果园梨小食心虫卵寄生率达76%，虫果率2.6%，与使用药剂防治的效果相近。

（5）药剂防治　药剂防治是在成虫发生盛期施药，主要是杀灭虫卵和初孵幼虫，保护嫩梢和果实。苹果、梨树上则加强3代以后各代的防治。一般是每代防治2次。可供选用的农药有灭幼脲3号、定虫隆。

苹果小食心虫防治技术

苹果小食心虫主要为害苹果、梨、沙果、海棠等仁果类果树。

1.形态特征

成虫体长4.5~5毫米，全体暗褐色有紫色光泽，触角每节端部白色，前翅前缘有7~9组白色斜纹，翅上有白鳞片。卵扁椭圆形，中央隆起，周缘扁平，近白色，半透明。老熟幼虫体长7~9毫米，粉红色或淡黄色，腹部背面每节有桃红色横纹两条。蛹长4.5~5毫米，细长纺锤形，体黄褐色。

2.防治方法

（1）在抓好人工越冬防治的基础上，辅以摘拾虫果，生长期补充必要的药剂杀卵保果。

（2）秋季束草诱杀，早春刮树皮（重点在中晚熟品种）和清理树体是减少越冬虫源的有效措施。

（3）卵和幼虫期的药剂防治可以结合桃小食心虫的防治进行。

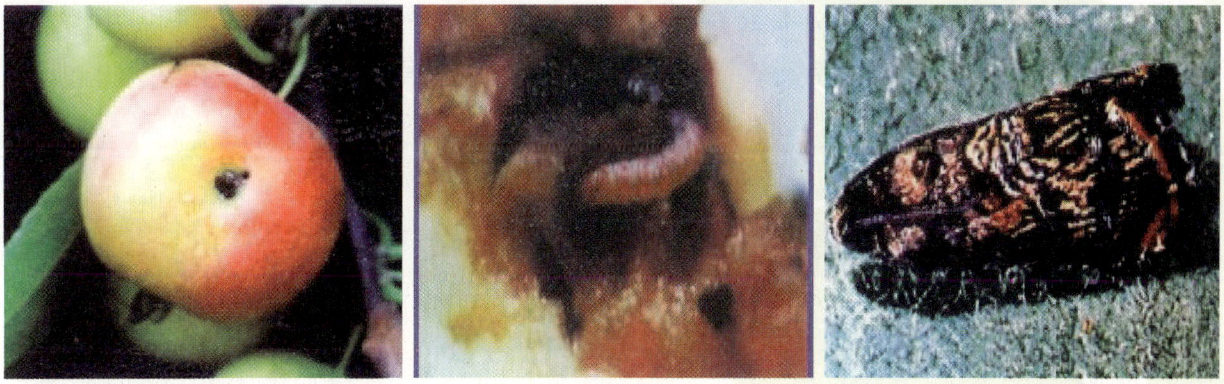

苹果小食心虫

桃蛀果蛾防治技术

又称桃小食心虫，简称“桃小”，是仁果类和核果类果树的重要害虫。桃蛀果蛾为害苹果、梨果实，果形变成畸形（猴头果），果肉虫道纵横，并充满大量虫粪（豆沙馅），完全失去食用商品价值。枣、李、杏果被蛀害，早期受害的容易脱落，后期受害的果肉也充满虫粪，虫果不堪食用。

防治方法

（1）树下防治

5月底至6月底正值越冬幼虫出土期，在越冬幼虫出土突增日或用性诱剂诱到一头雄蛾时，立即开始地面喷药。施药前，先锄耕树盘，耙平地面。在树干垂直投影下和往外30厘米处，地面喷药。在降雨后即可用安民乐500倍液，40%毒死蜱500倍液、26%辛硫·高氯氟500倍液喷洒树冠下地面和堆果地面，控制食心虫出土幼虫。

（2）树上喷药

喷药时期要依有关指标而定，当卵果率达到1%~1.5%时，或产卵高峰前4~5天，或产卵高峰后6~7天开始喷药。可用的药剂有柔水通4000倍+40%安民乐1500倍+20%马拉松1500倍，或加灭幼脲3号、吡虫啉、啶虫咪、美满（甲氯虫酰肼）、阿维菌素、甲维盐、阿维、灭幼脲等复配剂。

（3）套袋

在成虫产卵前，幼果套纸，防桃小食心虫幼虫蛀果十分有效。为此提倡全树幼果都套袋，不留裸露果。

A

B

A. 被害状（果实） B蛹、幼虫、成虫

苹果蠹蛾防治技术

国内外重点检疫对象之一。主要危害苹果、沙果、梨、桃、杏、石榴、山楂、李、枣等果树。分布于新疆、甘肃等地。为蛀果害虫。是世界上仁果类果树的毁灭性蛀果害虫。

防治方法

①严密监测，严禁发生区虫果外运，加强调运检疫。

②采取频振式杀虫灯、性诱剂诱杀成虫。

③刮树皮、束草把、树杆涂刷石灰、果园清理消灭越冬虫源。

④适时喷药防治一、二代幼虫。在第一代卵开始孵化期和各代成虫羽化盛期喷药。药剂可选用50%的杀螟松乳油1000倍液、2.5%的溴氰菊酯乳油2500~3000倍液、25%的西维因可湿性粉剂300~500倍液、20%的杀灭菊酯乳油2000~2500倍液等。

激素防治。将未交尾的雌蛾，置于诱捕器中，诱捕雄蛾。

苹果蠹蛾

苹果蠹蛾